Contents
차례

KB086226

메이커스 주니어: 03 어디서든현미경 메이커스 주니어는 동아시아출판사의 브랜드 '동아시아사이언스'의 어린이·청소년 과학 키트 무크지입니다.

펴낸날 2021년 6월 24일 **펴낸곳** 동아시아사이언스 **펴낸이** 한성봉
편집 메이커스주니어 편집팀 **콘텐츠제작** 안상준 **디자인** 최세정
마케팅 박신용 오주형 박민지 이예지 **경영지원** 국지연 송인경
등록 2020년 4월 9일 서울중 바00222 **주소** 서울특별시 중구 필동로8길 73 (예장동, 동아시아빌딩)

만든 사람들
책임편집 이동현 **크로스교열** 안상준
표지디자인 정명희 **표지일러스트** 이예숙
본문디자인 정명희 안성진 **사진** 한민세

www.makersmagazine.net
cafe.naver.com/makersmagazine
www.facebook.com/dongasiabooks
makersmagazine@naver.com

이 책의 기사의 저작권은 동아시아사이언스에 있습니다.
저작권법에 의해 한국 내에서 보호를 받는 저작물이므로
무단 복제 및 전재, 번역을 금합니다.

교과맵

영역	핵심 개념	무엇을 배우나요?
물질의 구조	물질의 구성 입자	물질은 입자로 구성되어 있습니다.
생물의 구조와 에너지	동물의 구조와 기능	호흡기관과 순환기관을 통해 산소와 이산화 탄소를 교환합니다.
	식물의 구조와 기능	식물은 뿌리, 줄기, 잎으로 구성되어 있습니다.
	광합성과 호흡	호흡을 통해 생명 활동에 필요한 에너지를 얻습니다.
항상성과 몸의 조절	자극과 반응	감각기관과 신경계의 작용으로 다양한 자극에 반응합니다.
생명의 연속성	생식	생물은 유성 생식 또는 무성 생식을 통해 종족을 유지합니다.
	진화와 다양성	생물은 환경 변화에 적응하여 진화합니다.
		다양한 생물은 분류 체계에 따라 분류합니다.
고체 지구	지구 구성 물질	지각은 다양한 광물과 암석으로 구성되어 있고, 이 중 일부는 자원으로 활용됩니다.

2015개정 과학과 교육과정 기준

내용 요소

영역	초3~4	초5~6	중1~3
물질의 구조			•원자, 분자
생물의 구조와 에너지		•호흡기관의 구조와 기능 •잎의 기능 •증산 작용	•호흡계의 구조와 기능 •물의 이동과 증산 작용
항상성과 몸의 조절		•감각기관의 종류와 역할	•피부 감각과 감각점
생명의 연속성	•식물의 한살이 •다양한 환경에 사는 동물과 식물 •동물과 식물의 생김새 •특징에 따른 동물 분류 •특징에 따른 식물 분류		•생식 •생물 분류 목적과 방법
고체 지구	•흙의 생성과 보존 •풍화와 침식 •화강암과 현무암 •퇴적암		•광물 •암석 •암석의 순환 •풍화 작용 •토양

글: 이동헌   사진: 한민세

어디서든 무엇이든 관찰해보자

어디서든현미경 철저 해부

우리 주변은 수많은 사물로 가득 차 있습니다. 이 사물들을 현미경으로 크게 확대해보면 눈으로 보는 것과는 전혀 다른 세상이 펼쳐지지요. '어디서든현미경'을 어디서든 가지고 다니면서, 무엇이든 관찰해봅시다.

어디서든현미경은 무엇인가요?

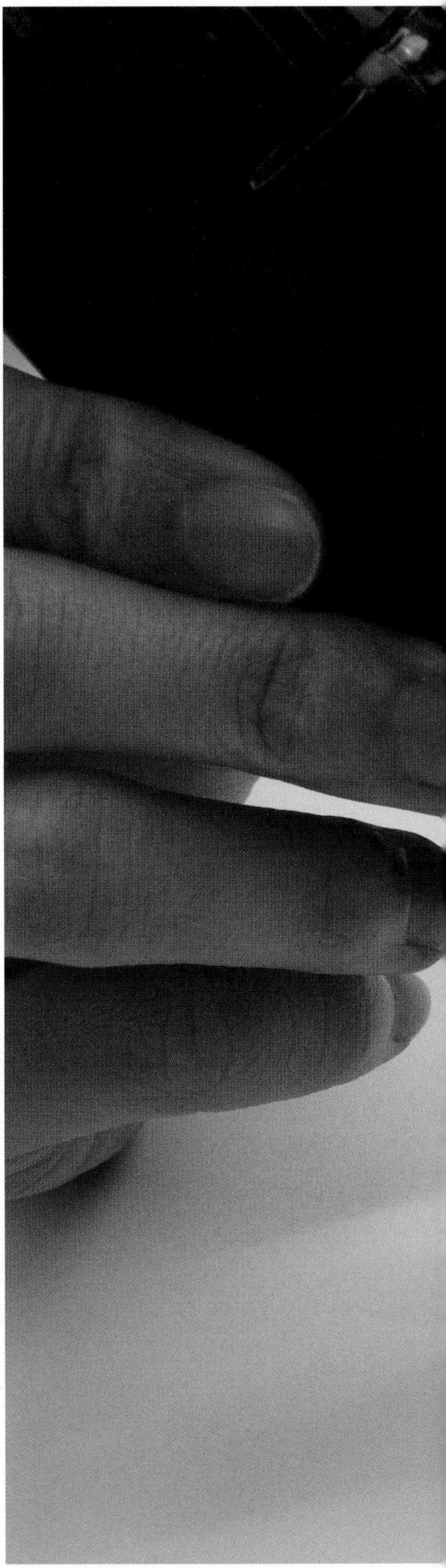

현미경과 어디서든현미경

현미경은 작은 물체를 확대해서 보는 기구입니다. 맨눈으로는 볼 수 없을 만큼 작은 물체도 볼 수 있기때문에, 여러 가지 과학 연구에 사용되고 있지요.
우리의 '어디서든현미경'은 어린 학생들도 간편하게 사용할 수 있는 현미경이에요. 작은 물체를 20~40배까지 확대해서 볼 수 있지요. 휴대하기도 편해서, 주머니에 항상 넣고 다니다가 언제든지 꺼내서 곧바로 관찰할 수 있어요.

어디서든현미경은 사용이 간편해요!

어디서든현미경은 사용이 간편해요. 일반적인 현미경으로 사물을 관찰하려면 '프레파라트'를 만들어야 합니다. 프레파라트란 현미경에서 사용할 수 있도록 만든 표본입니다. 직사각형 슬라이드글라스 위에 관찰할 것을 올려놓고, 그 위에 유리덮개인 커버글라스를 덮은 것이지요. 그래서 프레파라트를 만들 때는 관찰할 대상을 얇게 잘라야 할 경우가 많습니다. 하지만 어디서든현미경은 프레파라트를 만들지 않고도 물체를 곧바로 관찰할 수 있습니다. 꽃을 꺾지 않고도, 곤충을 다치게 하지 않고도 관찰할 수 있어요. 게다가 어디서든현미경은 편하게 주머니에 넣어서 가지고 다닐 수도 있지요.
어디서든현미경을 어디서든 들고 다니며 주변의 무엇이든 관찰해봅시다.

어디서든현미경을 사용해볼까요?

접안렌즈
눈을 대고 들여다보는 렌즈

어디서든현미경을 꺼내 사용해봅시다. 어디서든현미경은 사용법이 간단합니다. 관찰하려는 대상을 대물렌즈 앞에 놓은 뒤, 접안렌즈에 눈을 대고 들여다보기만 하면 됩니다.

배율과 초점을 맞추자

초점이 잘 맞지 않아 상이 흐리게 보일 수 있어요. 그럴 때는 초점조절손잡이를 천천히 돌려보면서 초점을 맞추면 됩니다. 또, 대물렌즈에 물체를 너무 멀리 놓으면 초점이 잘 잡히지 않을수도 있습니다.

배율조절 손잡이를 돌리면 배율을 높여서 더 크게 볼 수 있습니다. 배율조절 손잡이를 오른쪽으로 돌리면 배율이 높아지고, 왼쪽으로 돌리면 배율이 낮아지죠. 20배에서 40배까지 자유롭게 조절할 수 있습니다. 배율을 조절한 뒤에는 초점이 잘 맞지 않게 될 수 있으니, 초점조절손잡이로 초점을 다시 맞춰봅시다.

주의할 점

현미경으로 통해 보는 상은 상하좌우가 반대입니다. 그래서 현재 보이는 부분의 위쪽을 보고싶다면 물체를 아래쪽으로 옮겨야 하고, 오른쪽을 보고싶다면 왼쪽으로 옮겨야 해요. 헛갈리기 쉬우니 주의하세요. 렌즈는 손으로 만지지 않는 것이 좋습니다. 지문이 묻으면 보이는 시야가 흐려질 수 있습니다.

받침대
어디서든현미경을 고정합니다. 관찰할 때는 빼놓아도 됩니다.

재물대
받침대의 오목한 곳입니다. 작은 물체를 관찰할 때는 여기에 물체를 올려놓고, 받침대에 어디서든현미경을 결합해 관찰합니다.

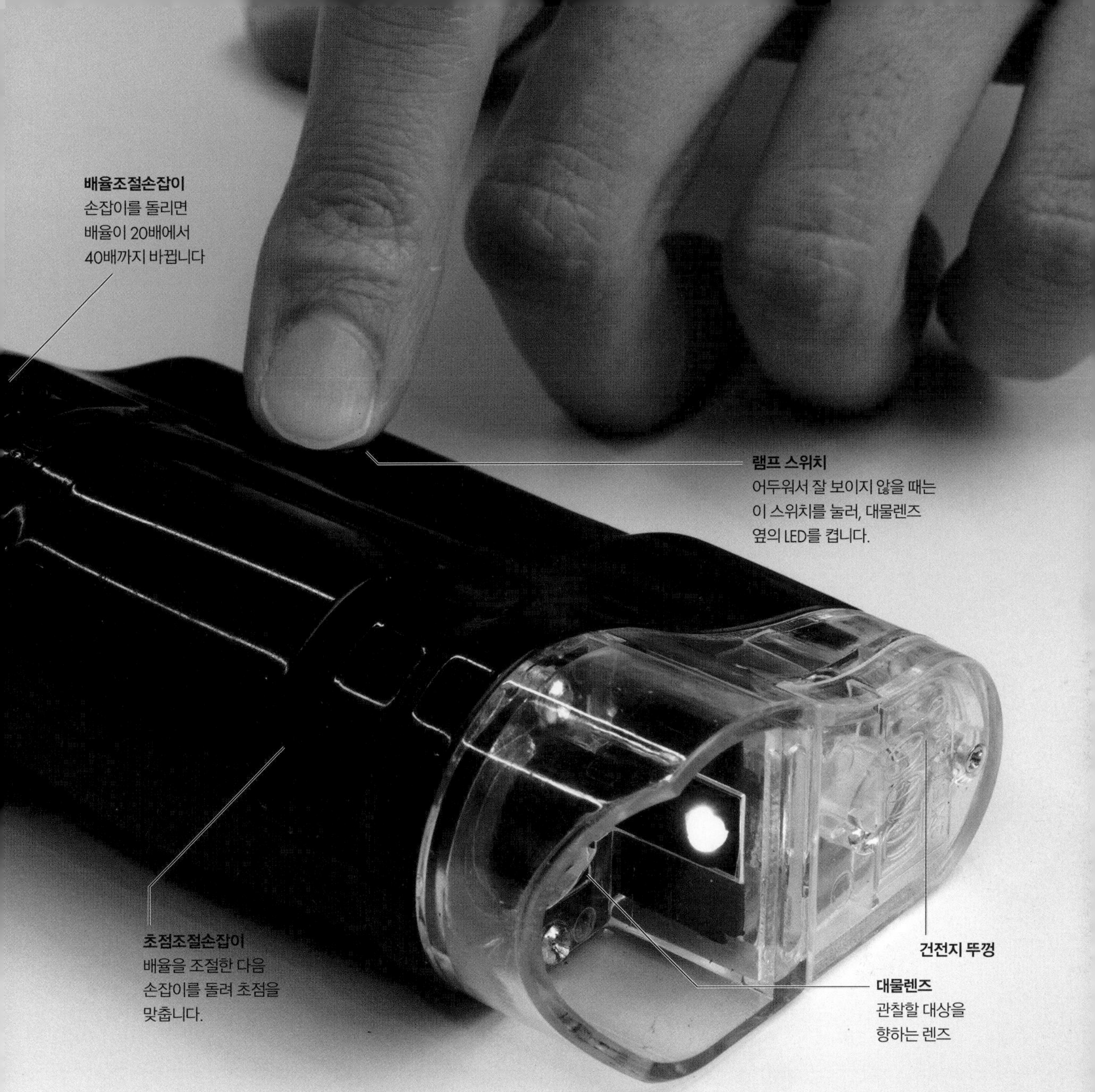

시야가 어두울 때는?

현미경을 들여다보았을 때, 시야가 어두워서 물체가 잘 보이지 않을 수도 있어요. 어디서든 현미경에는 이럴 때 환하게 볼 수 있도록 시야를 밝혀주는 램프가 있습니다. 몸체 옆에 달려 있는 램프 스위치를 눌러봅시다. 대물렌즈 근처에 있는 LED가 켜집니다. 그러면 환하게 보일 거예요. 하지만 이 LED 불빛을 눈에 직접 비추지 않도록 주의합시다!

재물대

작은 물체를 보고 싶을 때, 물체를 어디서든현미경의 시야에 넣기 힘들 때가 있습니다. 이럴 때는 물체를 재물대 위에 놓고 보면 편리합니다. 받침대의 오목한 부분이 바로 재물대입니다. 이 부분에 관찰할 물체를 놓고, 어디서든현미경을 받침대에 끼운 뒤 관찰해봅시다.

이제 관찰할 준비가 되었으니, 이 책을 보면서 주변의 이것저것을 들여다봅시다!

사진 출처: Early Spring(shutterstock.com)

주변의 무엇이든 관찰해요!

이 책을 관찰해볼까요?

무엇을 제일 먼저 관찰해볼까요? 여러분이 보고 있는 이 책부터 확대해서 관찰해보는 것은 어떨까요?

이 책의 아무 페이지나 펴서 어디서든현미경으로 관찰해봅시다. 인쇄된 책을 어디서든현미경으로 확대해서 관찰해보면 어떻게 보일까요? 대물렌즈를 책에 가까이 대고, 접안렌즈에 눈을 대고 들여다봅시다. 무엇이 보이나요?

눈으로 보는 것과는 상당히 다르게 보일 거예요. 눈으로 볼 때는 페이지 전체에 색이 칠해져 있는 것처럼 보이지만, 확대해보면 작은 점으로 이루어진 것을 알 수 있어요. 이처럼 눈으로 볼 때와 현미경으로 확대해서 볼 때는 그 모습이 확연히 다르게 보입니다. 그림을 확대해서 보면 작은 점이 모인 망점으로 되어 있는 것을 볼 수 있습니다. 이 망점에 대해서 더 자세히 알아보고 싶으면 34~37쪽을 봅시다.

사진 출처: tartanparty, Africa Studio, U-STUDIOGRAPHY DD59,minianne, PAJUSI(shutterstock.com)

옷의 섬유를 관찰해봅시다

우리가 입는 옷도 좋은 관찰 대상이 될 수 있습니다. 지금 입고 있는 옷을, 어디서든현미경으로 들여다봅시다.

옷을 만드는 천은 섬유를 짜서 만들어진 것이 많습니다. 섬유의 재료에 따라서도, 짜여 있는 모습에 따라서도 다르게 보일 거예요. 옷은 옷의 용도에 따라서, 계절에 따라서 다른 재료로 만듭니다. 겉옷인지 속옷인지에 따라서도 다른 재료로 만들지요. 여러 가지 다른 옷들을 관찰해보고, 서로 비교해봅시다.

이처럼 우리 주변의 물건들은 눈으로 볼 때와 확대해서 볼 때 다르게 보일 수 있어요. 현미경으로 사물을 관찰하고 더 공부해보면 많은 것을 배울 수 있습니다.

이제부터 어디서든현미경을 어디서든 가지고 다니다가, 호기심이 생길 때마다 주변의 다양한 사물들을 관찰해봅시다!

현미경 사용법

출처: 『초등과학백과』

어디서든현미경이 아닌 일반적인 현미경을 사용하는 법을 알아봅시다. 현미경은 눈에 보이지 않는 작은 대상을 40~600배로 확대해서 볼 때 사용하는 기구입니다. 보려고 하는 것과 시야 속에 보이는 것은 보통 상하좌우가 반대입니다. 재물대를 위아래로 움직이면서 초점을 맞추는 스테이지 상하식 현미경과, 경통을 위아래로 움직이면서 초점을 맞추는 경통 상하식 현미경이 있습니다.

프레파라트를 만들어야 해요

프레파라트는 가늘고 긴 직사각형의 슬라이드글라스 위에 관찰할 것을 놓고, 그 위에 네모난 유리덮개를 덮고 현미경으로 관찰할 수 있도록 한 것입니다. 연못 물속에는 눈에 보이지 않는 작은 생물이 많이 살고 있습니다. 연못에서 채취한 물에 있는 작은 생물을 관찰할 때를 예로 들어, 프레파라트 만드는 법을 알아봅시다.

TIP1 현미경 사용법

① 빛이 직접 닿지 않는 밝고 평평한 곳에 둡니다.
② 통 안에 먼지가 들어가는 것을 방지하기 위해서 접안렌즈를 먼저 설치하고, 대물렌즈 나중에 설치합니다. 저배율부터 관찰하는 것이 편리합니다.
③ 반사경을 조절해서 시야 전체를 밝게 합니다.
④ 프레파라트를 스테이지(재물대)에 얹습니다.
⑤ 프레파라트와 대물렌즈가 부딪히지 않도록 옆에서 보면서 조절나사를 돌려가며 대물렌즈와 프레파라트를 가능한 한 가깝게 댑니다.
⑥ 접안렌즈를 들여다보면서 조절나사를 돌려가며 대물렌즈와 프레파라트를 멀리 떼어놓으면서 초점을 맞춥니다.
⑦ 보고 싶은 것을 시야 중앙으로 오게 하고 관찰합니다. 고배율의 렌즈로도 관찰해봅시다.

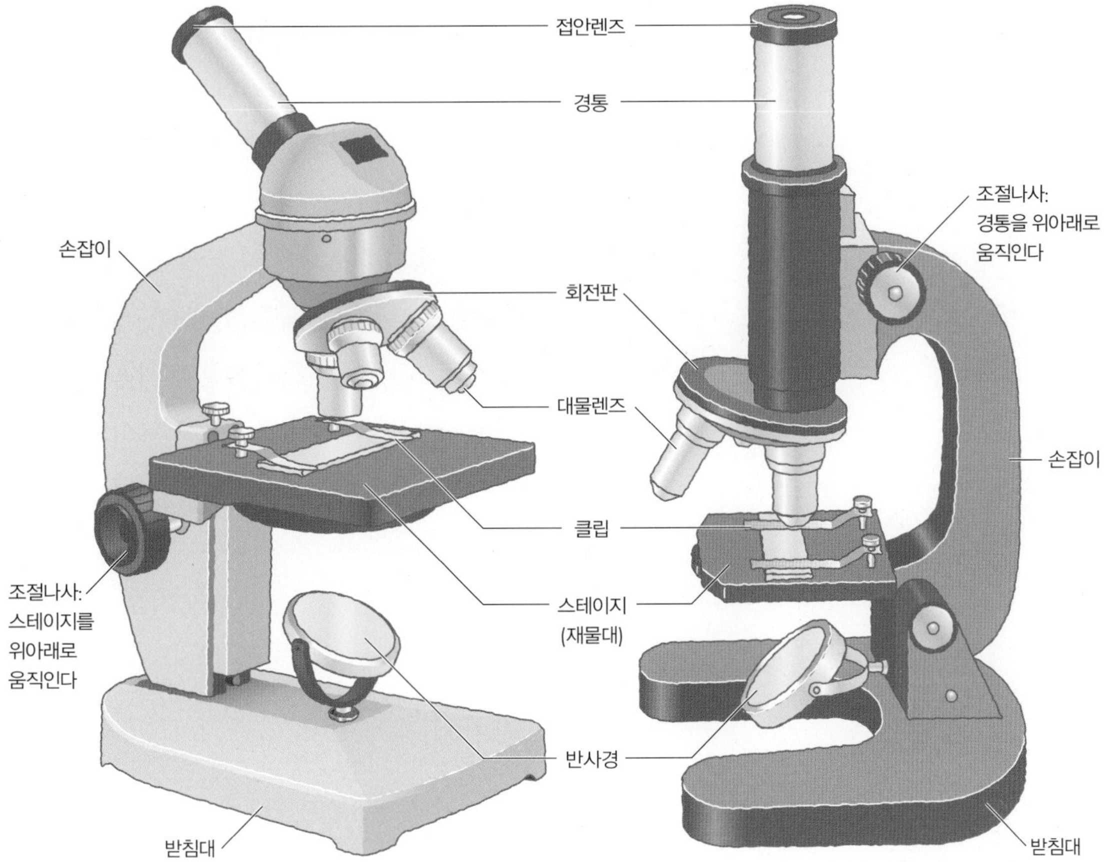

TIP2 프레파라트 만드는 방법

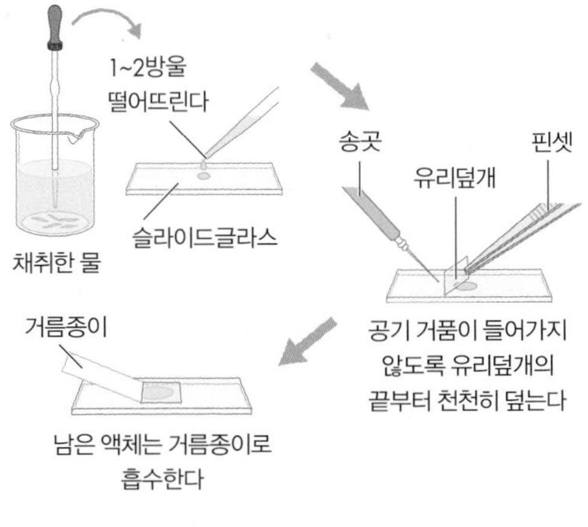

프레파라트 움직이는 방법

현미경으로 보이는 상은, 보통 실물과 상하좌우가 반대로 되어 있습니다. 따라서 시야를 움직이고 싶을 때는, 움직이고 싶은 방향과 반대 방향으로 프레파라트를 움직여야 합니다. 처음에는 조금 헷갈리지만, 조금만 연습해보면 금방 익숙해질 거예요.

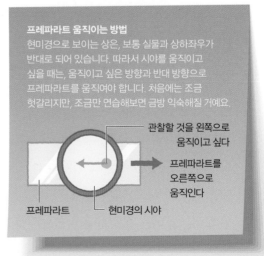

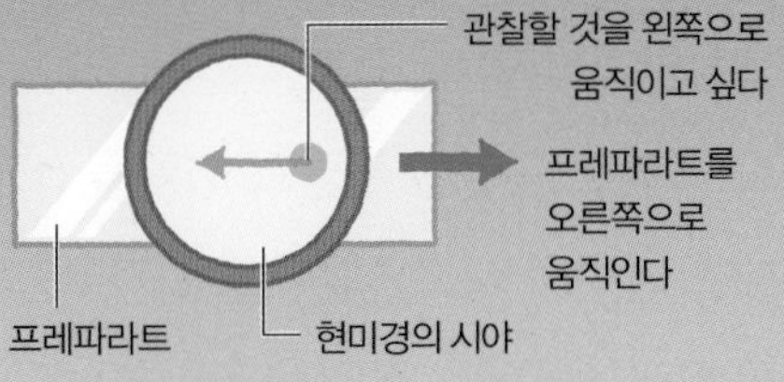

현미경의 종류

출처: 『초등과학백과』

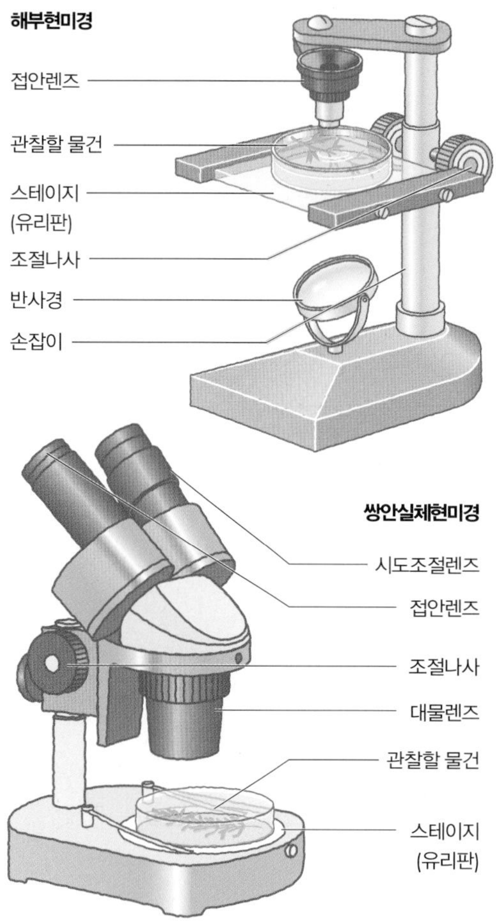

해부현미경과 쌍안실체현미경

현미경에는 해부현미경, 쌍안실체현미경이라는 종류의 현미경도 있습니다. 이런 현미경에 대해 알아봅시다.

- 해부현미경: 송사리 알 등의 약간 큼직한 것을 관찰하는 데에 적합합니다. 접안렌즈만으로도 크게 보이기 때문에 사용법이 간단한 현미경입니다. 또한 프레파라트를 만들지 않아도 관찰할 것을 직접 볼 수 있습니다. 배율은 10~20배 정도입니다.
- 쌍안실체현미경: 두 눈으로 볼 수가 있어서, 송사리 알처럼 두께가 있는 것을 입체적으로 관찰할 수 있습니다. 또한 프레파라트를 만들지 않고도 관찰할 물건을 직접 볼 수 있습니다. 배율은 20~40배 정도입니다.

TIP3 관찰일지를 씁시다

현미경으로 관찰을 하고 나면 꼭 관찰일지에 기록하도록 합시다. 관찰일지를 쓰면 오랫동안 기억할 수 있고, 나중에 찾아볼 수도 있지요. 관찰한 사람의 이름을 쓰고, 관찰한 날짜와 시각, 날씨 등도 기록합니다. '관찰대상물'에는 무엇을 관찰했는지를 쓰고, '채집장소'에는 어디에서 관찰대상물을 구했는지 쓰도록 합시다. '관찰결과'에는 관찰을 통해 무엇을 보았는지 쓰고, 새로 알게된 점이나 느낀 점도 쓰도록 합시다. '관찰도'는 현미경으로 본 모습을 그림으로 남깁니다.

관찰자			관찰일		
관찰시각		날씨		기온	
관찰대상물			채집장소		
관찰 방법					
관찰 결과					
관찰도					

글: 메이커스 주니어 편집팀, 이승엽(20~25쪽)
사진: 한민세
참고자료: 『초등과학백과』
사진 출처: www.shutterstock.com

사진 출처: eanstudio(shutterstock.com)

이승엽
서울대학교에서 경영학을, 미국 노스캐롤라이나대학교 경영대학원(Kenan-Flagler)에서 경영학(재무관리)을 공부했습니다. 지금은 한국은행에서 화폐 제조 전반을 담당하며 국민들이 안심하고 화폐를 사용할 수 있도록 노력하고 있습니다.

주변의 사물은 어떻게 생겼을까?

아무거나 이것저것 관찰하기

주변의 사물 무엇이든 관찰 대상이 될 수 있습니다! 지갑 속의 돈도, 길가의 돌멩이도 알고 보면 재미있는 관찰 대상이지요. 여러분 바로 옆에는 무엇이 있나요? 어디서든현미경으로 들여다봅시다.

화폐에 숨어 있는 미세문자를 찾아라!

사진 출처: shisu_ka(shutterstock.com)

미세문자가 뭐지?

우리나라를 포함해 전 세계 지폐에는 '미세문자'가 곳곳에 인쇄되어 있습니다. 미세문자란 '맨눈으로는 분간하기 어려운, 아주 작은 글자'입니다. 눈이 좋은 사람도 돋보기나 현미경 없이는 읽을 수 없을 정도입니다. 맨눈으로 보면 단순한 직선이나 점 등으로 보이지만 확대해서 보면 문자가 드러납니다.

눈에 보이지도 않는 미세문자를 왜 넣어두었을까요? 바로 범죄자들이 위조지폐를 쉽게 만들지 못하게 하기 위해서입니다. 우리가 일상에서 사용하는 스캐너, 복사기, 프린터로는 이러한 미세문자를 제대로 인식할 수 없고 정밀하게 인쇄할 수도 없습니다. 이러한 미세문자는 특수한 인쇄기로만 인쇄가 가능한데, 이러한 기계는 화폐를 만드는 한국조폐공사에서 찾아볼 수 있습니다. 만약 지폐가 가짜로 의심된다면 '어디서든현미경'을 이용해서 미세문자가 제대로 인쇄되어 있는지 확인해봅시다.

자, 이제 '어디서든현미경'을 활용하여 지폐에 어떠한 미세문자가 있는지 확인해볼까요?

미세문자를 찾아봅시다!

우리나라 지폐에 인쇄된 미세문자의 크기는 정확히 얼마나 될까요? 미세문자의 세로 길이는 250㎛(마이크로미터)입니다. 1㎛는 1㎝의 1만 분의 일에 해당하는 길이입니다. 그러니까 250㎛를 우리가 아는 길이단위로 환산해보면 0.25㎜가 됩니다. 미세문자가 얼마나 작은지 와닿지 않는다고요? 머리카락의 굵기가 통상 80㎛이니 미세문자는 머리카락 3개의 굵기 정도입니다. 우리에겐 '어디서든현미경'이 있으니 얼마든지 읽을 수 있을 거예요.

다른 나라의 지폐에도 미세문자가 숨어 있습니다. 나라마다 지폐에 어떤 미세문자가 인쇄되어 있는지 찾아보면 어떨까요?

오만원 속에 숨어 있는 독도

이제는 독도를 찾아볼까요? 우리나라 지폐에 독도가 그려져 있다는 사실을 아는 사람은 그리 많지 않을 거예요. 지폐는 우리 일상에서 널리 쓰이지만 관심을 가지고 자세히 살펴보는 사람은 별로 없기 때문이죠.

우리나라 지폐에는 위조를 막기 위해 홀로그램이 부착되어 있습니다. 오만원권 왼쪽에 보면 띠형 홀로그램이, 만원권과 오천원권에는 패치형 홀로그램이 부착되어 있지요. 부착된 홀로그램 안에는 태극문양과 액면 숫자, 태극기의 사괘와 함께 한반도 지도가 새겨져 있습니다. 이 한반도 지도에 독도가 명확하게 나타나 있습니다. '어디서든현미경'을 이용하면 분명하게 확인할 수 있지요.

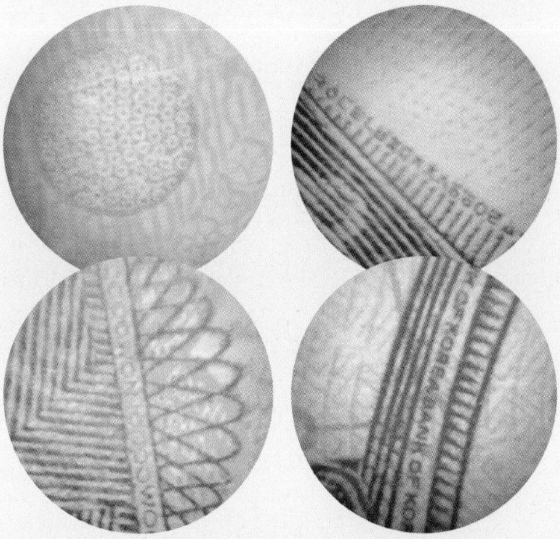

오만원, 만원 지폐 속에 숨어 있는 미세문자. 이 외에도 몇 군데 더 있어요. 어디서든현미경으로 찾아보아요! 오천원과 천원 지폐에도 미세문자가 있으니, 잘 찾아봅시다.

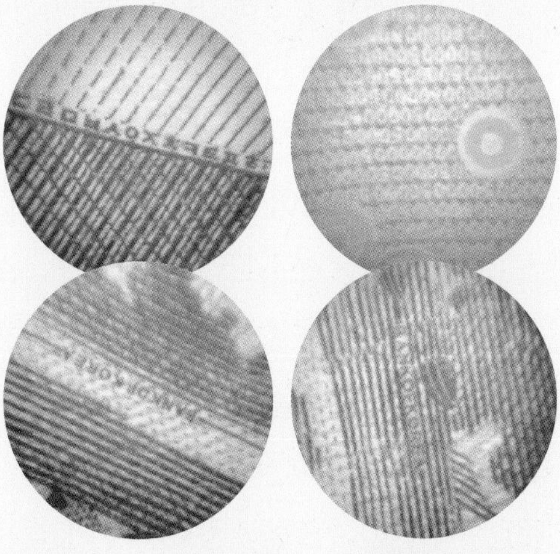

그림 출처: JAEHWAN GOH(shutterstock.com)

여러 가지 위조방지장치

미세문자와 홀로그램 외에도, 우리나라 지폐에는 종류별로 16~22가지의 위조방지장치가 있습니다. 위조방지장치는 공개수준에 따라 4단계가 있습니다.

① 공개장치(1단계)는 일반인이 기기를 사용하지 않고 육안, 촉감 등으로 직접 확인할 수 있는 장치입니다. 볼록인쇄, 숨은그림, 시변각장치, 시변각잉크, 은선, 잠상 등이 있습니다.

② 제한장치(2단계)는 화폐사용자가 판별기기를 통해 식별이 가능한 장치입니다. 형광잉크, 형광색사, 미세문자 등이 이에 해당합니다.

③ 기기감응장치(3단계)는 자동판매기, ATM, 은행권 자동정사기 등 현금취급기기가 판별할 수 있는 장치입니다. 자성잉크, 적외선잉크 등이 있습니다.

④ 잠재장치(4단계)는 법의학적인 장치라고도 합니다. 중앙은행 및 조폐기관의 전문가만이 판별 가능하며 구체적인 사항은 공개하지 않습니다. 위조방지 관련 최후의 보루인 잠재장치마저 공개할 경우, 위조범이 이마저 모방할 우려가 있기 때문입니다.

천원권보다 오만원권을 위조하면 위조범이 얻는 이익이 커질 것입니다. 그래서 액면가(화폐에 적힌 액수)가 높은 지폐일수록 첨단 위조방지장치를 추가 적용하여 위조가 더 어렵게 만들었습니다. 우리가 알아본 미세문자를 포함하여 숨은그림, 볼록인쇄 등은 전통적인 위조방지장치로서 모든 종류의 지폐에 적용되어 있습니다. 오만원권, 만원권, 오천원권에는 천원권에 없는 홀로그램이 있습니다. 최고액권인 오만원권에는 입체형 부분노출은선도 있습니다.

사진 출처: Dany Kurniawan(shutterstock.com)

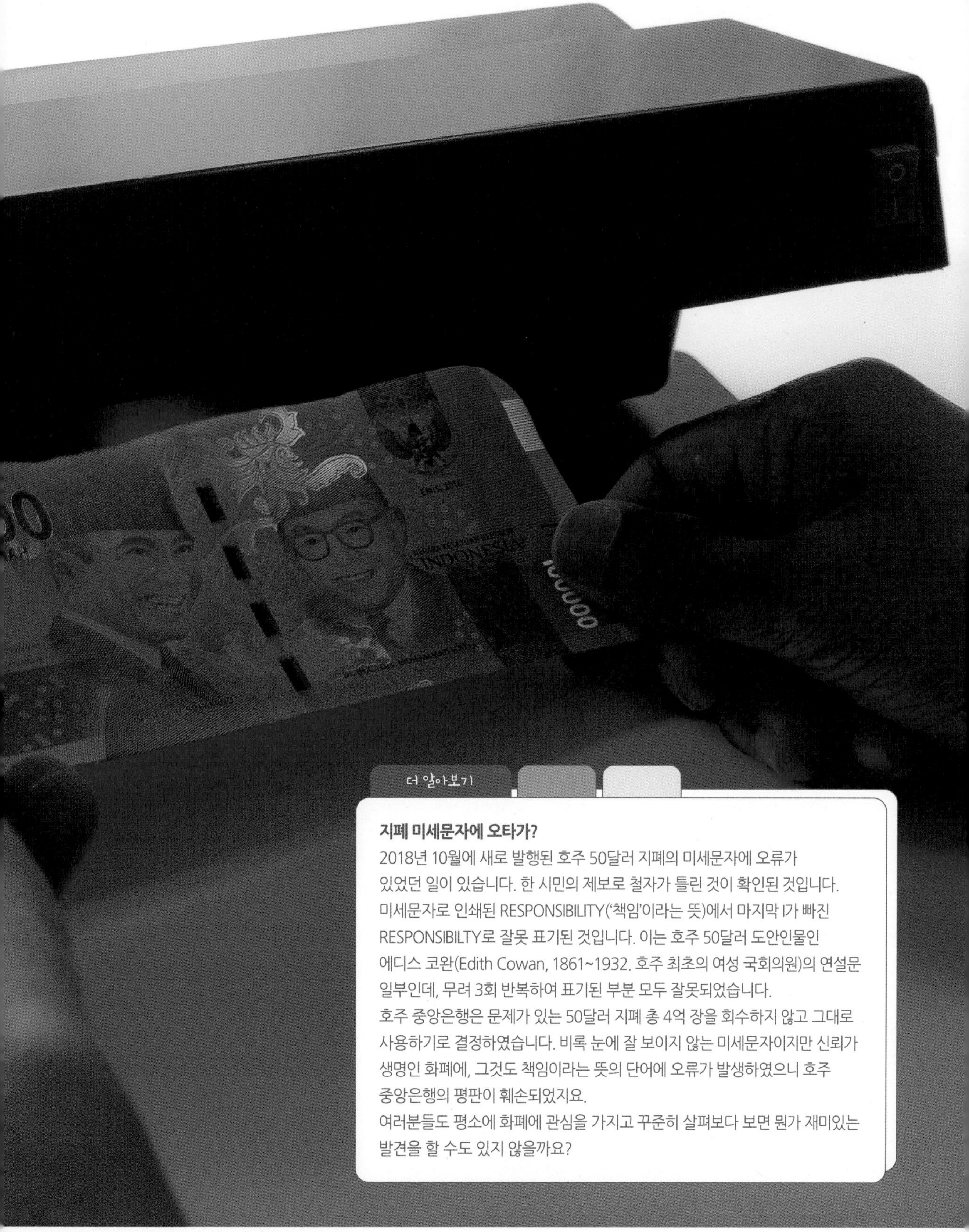

더 알아보기

지폐 미세문자에 오타가?

2018년 10월에 새로 발행된 호주 50달러 지폐의 미세문자에 오류가 있었던 일이 있습니다. 한 시민의 제보로 철자가 틀린 것이 확인된 것입니다. 미세문자로 인쇄된 RESPONSIBILITY('책임'이라는 뜻)에서 마지막 I가 빠진 RESPONSIBILTY로 잘못 표기된 것입니다. 이는 호주 50달러 도안인물인 에디스 코완(Edith Cowan, 1861~1932. 호주 최초의 여성 국회의원)의 연설문 일부인데, 무려 3회 반복하여 표기된 부분 모두 잘못되었습니다.
호주 중앙은행은 문제가 있는 50달러 지폐 총 4억 장을 회수하지 않고 그대로 사용하기로 결정하였습니다. 비록 눈에 잘 보이지 않는 미세문자이지만 신뢰가 생명인 화폐에, 그것도 책임이라는 뜻의 단어에 오류가 발생하였으니 호주 중앙은행의 평판이 훼손되었지요.
여러분들도 평소에 화폐에 관심을 가지고 꾸준히 살펴보다 보면 뭔가 재미있는 발견을 할 수도 있지 않을까요?

위조지폐 발견하면 어떻게 하지?

만약 내가 받은 돈이 위조지폐로 의심이 된다면 ① 비추어보고, ② 기울여보고, ③ 만져보세요. 지폐를 빛에 비추어보면 인물초상을 확인할 수 있습니다. 그리고 지폐를 기울여보면 각도에 따라 홀로그램에 세 가지 무늬가 번갈아 보입니다. 마지막으로 지폐를 만져보면 인물초상과 문자 등에서 오톨도톨한 감촉이 느껴집니다.

만약 위조지폐라는 확신이 들면 가까운 경찰서나 은행(한국은행 포함)에 신고하세요. 신고할 때는 지폐에 묻은 지문이 지워지지 않도록 주의해서 봉투에 넣도록 합시다. 위조범의 지문이 묻어 있을지도 모르니까요!

화폐를 위조하면 형법 등 관련 법규에 따라 사형, 무기징역 또는 5년 이상의 징역에 해당하는 무거운 처벌을 받게 됩니다. 화폐는 이용자들의 신뢰를 바탕으로 사용되는데, 위조지폐는 이러한 신뢰를 뒤흔들어 국가경제의 화폐 유통질서에 큰 혼란을 초래할 수 있기 때문입니다.

사진 출처: megaflopp(shutterstock.com)

#77246
오천원권 대량 위조 사건

그림 출처: Khurasan(shutterstock.com)

2004년부터 현재까지 우리나라에서 발견된 전체 위조지폐의 절반에 해당하는 위조지폐는, 고유번호(기번호)에 '77246'이 포함된 예전 오천원권입니다. 이 위조지폐를 만든 위조범은 2004년부터 오천원권 5만여 장(약 2억 5,000만 원)을 위조하여 사용하다 2013년 6월 검거되었습니다.

범인은 약 1년간 다양한 화폐를 위조하는 연습을 했습니다. 그리고 그중 비교적 위조방지장치가 허술해서 가장 정교하게 만들 수 있었던 오천원권을 위조하기로 마음먹었습니다. 위조방지장치인 숨은 그림까지 삽입하는 등 정교하게 위조지폐를 제작하는 한편, 위조지폐에 취약한 노인들이 운영하는 슈퍼마켓을 사전 답사하는 등 치밀하게 범행을 준비했습니다. 범인이 위조지폐를 8년 넘게 사용하면서도 쉽게 잡히지 않았던 이유입니다.

지폐의 고유번호 위치. 고유번호는 지폐 한장 한장마다 모두 달라요.

용의주도한 범인은 결국 한 슈퍼마켓 주인의 신고로 잡혔습니다. 그는 2013년 1월 범인이 건넨 돈이 위조지폐가 아니라 그저 빳빳한 새 지폐인 줄 알고 잘 보관하였습니다. 그런데 얼마 지나지 않아 지인이 동일한 고유번호의 지폐를 가지고 있는 것을 보고 위조지폐임을 확신했습니다. 슈퍼마켓 주인은 고유번호를 계산대에 적어두고 오천원권을 건내는 손님을 유심히 살펴보았습니다. 5개월 후 같은 슈퍼마켓을 다시 찾은 범인이 지불한 오천원권 고유번호를 확인하고 곧장 경찰에 신고하였습니다. 결국 범인은 잡히고 말았지요.

슈퍼마켓 주인의 기지와 투철한 신고 정신으로 사상 최대의 위조 사건이 8년 만에 해결되었습니다. 이 사건은 위조지폐 유통 방지에 화폐사용자의 관심과 신고가 얼마나 중요한지 보여주는 대표적인 사례입니다.

그림 출처: JAEHWAN GOH(shutterstock.com)

소금 결정은 어떤 모양일까?

그림 출처: Olya Detry(shutterstock.com)

소금에 대해서 알아봅시다

어느 집에나 부엌에는 소금이 있을 거예요! 소금은 여러 가지 요리에 쓰이는, 빼놓을 수 없는 조미료입니다.
소금은 식품을 오래 보존하기 위해서도 쓰입니다. 옛날부터 생선을 염장하는 데에 소금을 사용했습니다. 소금에 절여서 미생물의 생육을 억제하는 것이죠. 김치를 만들 때도 배추를 소금에 절인 후 양념을 하고 발효시켜요.
소금은 우리 몸에 없어서는 안 될 성분입니다. 우리 몸의 신경계가 작동하는 데 꼭 필요합니다. 몸에서 소금기가 너무 많이 빠져나가게 되면 생명이 위험할 수도 있어요! 땀을 많이 흘리게 되면 소금을 섭취해줘야 해요. 땀에는 소금기가 있는데, 땀을 너무 많이 흘렸을 때는 몸에서 소금기가 많이 빠져나갈 수 있기 때문이에요. 소금 알갱이는 어떻게 생겼는지, 어디서든 현미경으로 관찰해볼까요?

소금을 관찰해봅시다

부엌으로 가서 소금통을 열어봅시다. 꽃소금이나 가는 소금보다는 굵은 소금이 관찰하기 좋을 거예요.
우선 소금 알갱이를 조금 손에 올리고 만져봅시다. 까끌까끌한 촉감이 느껴지나요? 소금 알갱이는 어떤 모양을 하고 있을까요? 굵은 소금 알갱이를 바닥이나 재물대 위에 놓고, 어디서든현미경으로 확대해봅시다. 소금 알갱이가 어떤 모양으로 보이나요?
어디서든현미경으로 소금 알갱이를 관찰해보면, 각각의 알갱이가 네모 모양인 것을 볼 수 있어요. 조금 더 자세히 관찰해보면 주사위처럼 육면체 모양인 알갱이도 보일 거예요. 아마 모서리가 조금 깨져 나간 것이 대부분이겠지만, 대체로 육면체 모양에 가까운 것이 많다는 것을 알 수 있습니다. 어째서 소금 알갱이는 육면체 모양을 하고 있을까요?

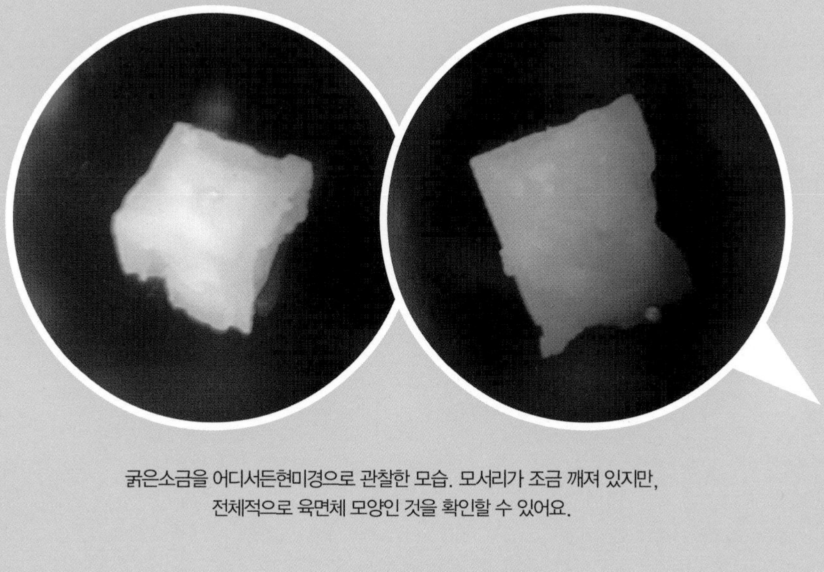

굵은소금을 어디서든현미경으로 관찰한 모습. 모서리가 조금 깨져 있지만,
전체적으로 육면체 모양인 것을 확인할 수 있어요.

물질을 이루는 분자와 원자

모든 물질은 '분자'로 이루어져 있어요. 그 물질의 성질을 가지는 가장 작은 알갱이를 그 물질의 분자라고 불러요.

물질은 작게 잘라도 여전히 그 물질의 성질을 띱니다. 소금 덩어리를 깨뜨려서 생긴 각각의 작은 소금 알갱이도 여전히 소금이지요. 계속해서 작게 자르면 마침내 그 물질의 성질을 가지는 가장 작은 알갱이인 분자까지 다다릅니다.

분자를 더 작게 자르면, 이제 더는 그 물질의 성질을 가지지 않게 됩니다. 분자는 '원자'로 이루어져 있습니다. 분자를 잘라서 나온 원자는 원래의 분자와는 다른 물질입니다. 여러 가지 원자들이 만나서 다양한 물질을 이루는 것이지요.

'결정'이란?

소금은 염소 원자와 소듐(나트륨) 원자가 1:1의 비율로 만나 만들어집니다. 원자들이 결합할 때는 일정한 규칙을 따릅니다. 염소 원자와 소듐 원자가 결합해 소금 덩어리를 이룰 때는 아래 그림과 같은 모양으로, 규칙적으로 배열됩니다.

빨간색과 파란색 공이 각각 염소와 소듐 원자야!

그래서 소금 결정은 육면체 모양을 하게 되지요. '원자나 분자 등이 규칙적으로 배열되어 일정한 모양을 이루고 있는 형체'를 '결정'이라고 합니다. 결정은 그 물질만 포함하고 있는 순수한 물질입니다.

그림 출처: TanyaJoy(shutterstock.com)

여러가지 물질의 결정들

다른 물질들도 결정을 이룰 수 있어요. 결정의 모양은 물질의 종류에 따라서 정해져 있어서,
결정의 모양을 보면 그 물질이 무엇인지를 추측할 수 있어요. 여러 가지 물질들의 결정을 살펴볼까요?

깨어지지 않은 소금의 결정은 이렇게 예쁜 육면체 모양입니다.

황산구리의 결정은 기울어진 육면체 모양입니다. 파란색도 특징이에요.

백반의 결정은 팔면체 모양을 하고 있습니다.

석영의 결정의 모양은 끝이 육각뿔 모양인 육각기둥입니다.

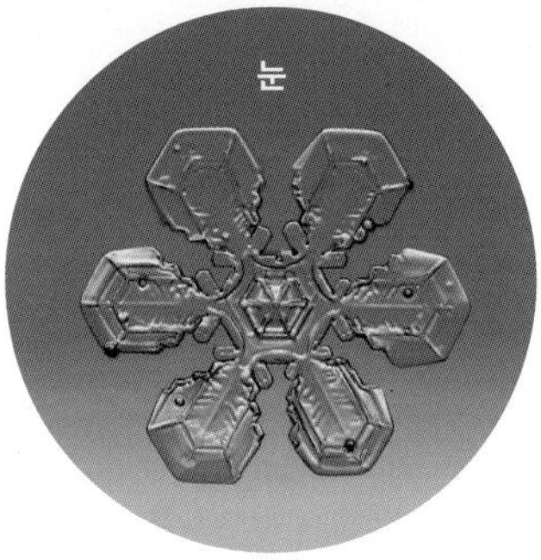

눈은 물이 얼어서 만들어진 것이에요. 이때 육각형 모양을 이룹니다.

결정은 얼마나 커질 수 있을까요? 멕시코 나이카(Naica) 광산 300m 아래에는 거대한 석고 결정 기둥이 가득한 동굴이 있습니다. 가장 큰 기둥은 길이 11m, 무게 55t이나 된다고 해요.

돌로 외장을 마감한 건물.

암석 속 광물과 암석의 순환

화강암을 확대해서 들여다본 모습이에요.

돌은 무엇으로 이루어져 있을까?

우리 주변에서 돌을 흔히 볼 수 있습니다. 돌은 다른 말로 '암석'이라고도 합니다. 산이나 강가 같은 장소에서도 암석을 많이 볼 수 있지만, 도시의 건물에서도 볼 수 있어요. 색깔이나 무늬가 예쁜 돌은 건물의 안팎을 치장하는 용도로도 쓰이니까요.

우리 주변에서 볼 수 있는 돌을 관찰해봅시다. 화강암은 건물의 바깥 면에 자주 쓰이는 암석입니다. 주로 흰색을 띠고 있지만, 거뭇거뭇한 점같은 알갱이도 보입니다. 어디서든현미경으로 화강암을 확대해서 관찰해봅시다.

화강암을 관찰해보자

주변에서 많이 볼 수 있는 화강암을 어디서든 현미경으로 관찰해봅시다. 화강암은 모가 나고 크고 작은 알갱이들로 이루어져 있는 것을 볼 수 있습니다. 이 알갱이들은 무엇일까요?

화강암은 '광물'로 이루어져 있습니다. 희끄무레한 광물인 석영과 장석을 많이 포함하고 있기 때문에 흰빛을 띠고 있습니다. 흑운모 등도 조금 포함하고 있습니다. '광물'에 대해 자세히 알아볼까요?

광물이란?

암석은 '광물'로 이루어져 있습니다. 어디서든 현미경으로 관찰한 알갱이들이 바로 여러 가지 광물들입니다. 광물은 땅속의 '마그마'가 식으면서 결정을 이루며 생겨납니다. 마그마란 지하의 높은 온도로 인해 암석이 걸쭉하게 녹은 물질입니다.

광물에는 석영, 장석, 흑운모, 각섬석, 휘석, 감람석 등 여러 가지 종류가 있어요. 종류에 따라 색깔과 모양 등에 특징이 있습니다. 희끄무레한 광물은 무색광물(백색광물), 거무스레한 광물은 유색광물이라고도 부릅니다.

암석의 순환

암석은 우리 지구의 지각을 이루고 있어요. 우리가 딛고 있는 땅이 지각에 해당하죠. 암석은 모습을 바꿔가며 우리 지구를 순환하고 있습니다. 마그마가 식어 화성암이 되고, 그 암석이 잘게 부서졌다가 퇴적암이 됩니다. 또 열과 압력에 의해 변성암이 되기도 하며, 다시 녹아 마그마가 되기도 합니다.

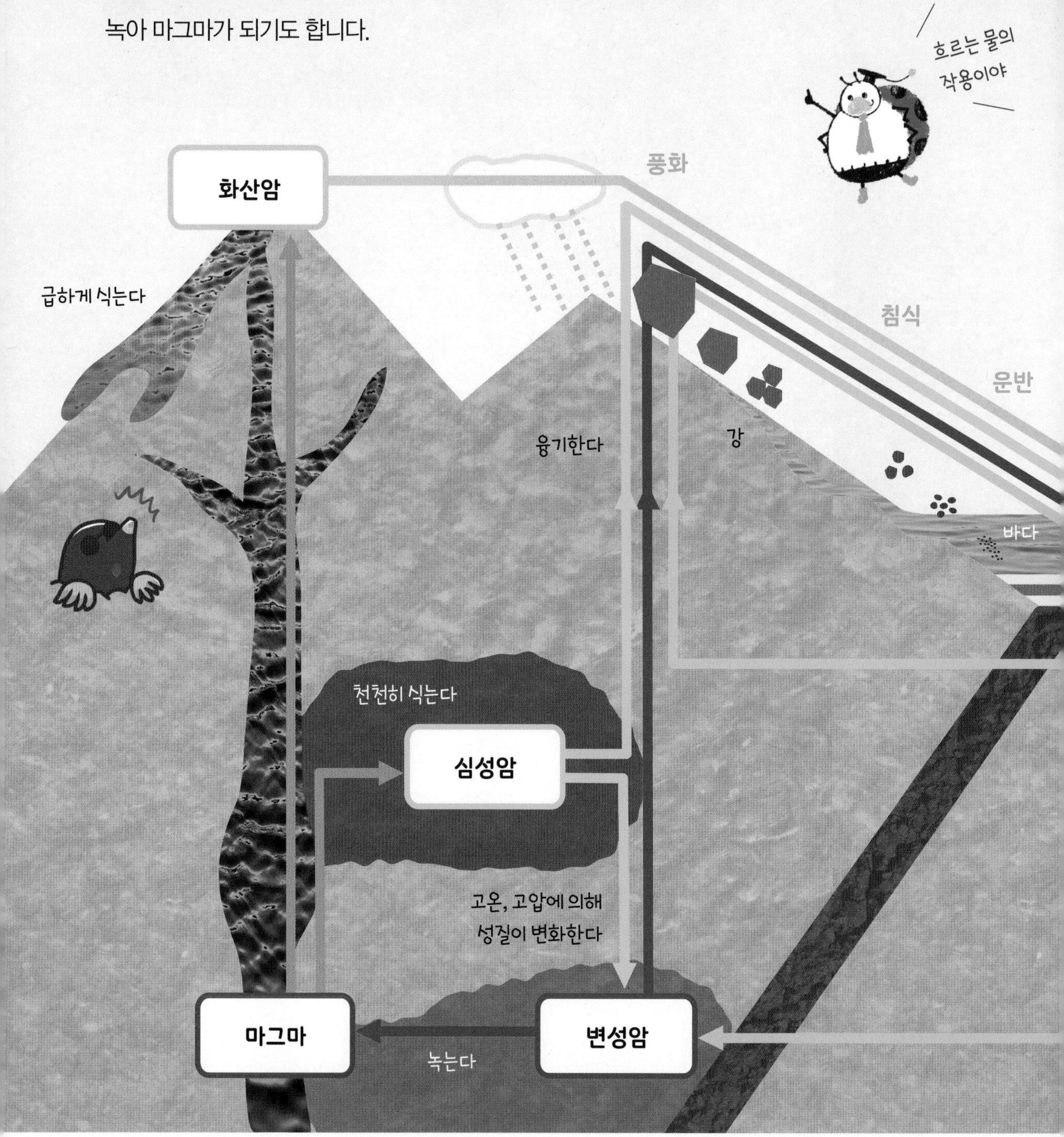

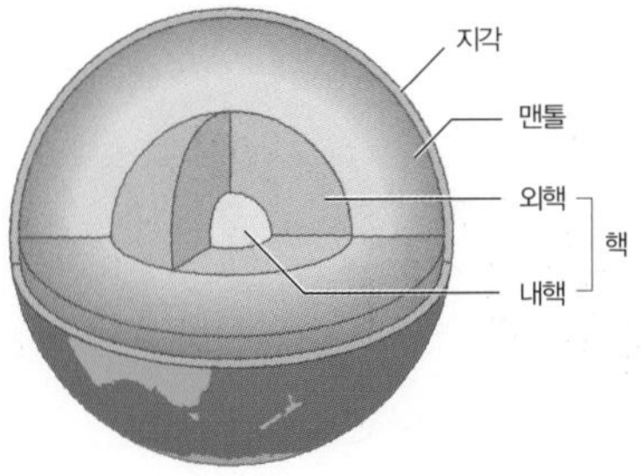

지구의 구조는 마치 달걀처럼 여러 겹으로 이루어져 있습니다. 그중 가장 바깥쪽, 암석으로 된 껍질이 지각입니다.

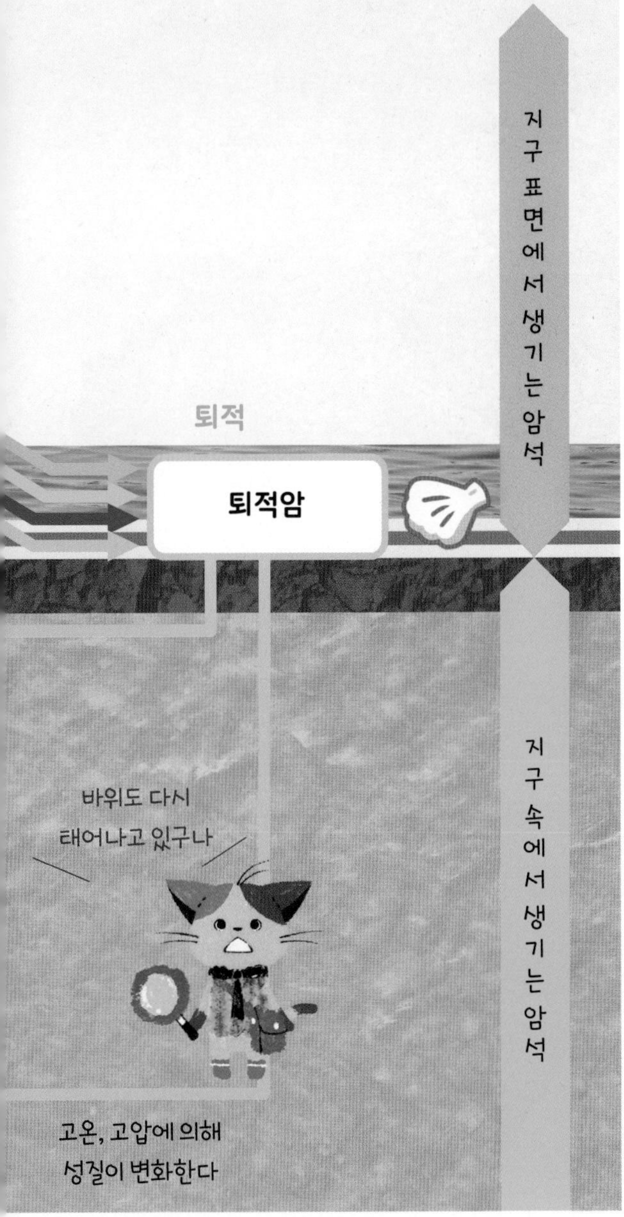

암석의 종류: 화성암

암석의 종류에 대해서 알아볼까요? 먼저 화성암부터 알아봅시다.

화성암은 마그마가 식어 굳어지며 만들어진 암석입니다. 마그마가 지표면 부근에서 식으면 화산암, 지하 깊은 곳에서 식으면 심성암이 됩니다. 화산암은 마그마가 식는 속도가 빨라서, 작은 광물 알갱이 가운데 큰 광물 알갱이가 흩어져 있습니다. 심성암은 마그마가 천천히 식기 때문에 광물 알갱이가 큽니다. 우리가 관찰한 화강암도 심성암의 한 종류입니다.

암석의 종류: 퇴적암

퇴적암은 지층을 구성하고 있는 물질이, 위에 있던 지층의 무게로 단단한 암석이 된 것입니다. 단단한 바위는 풍화와 침식으로 잘게 부서져 자갈, 모래, 진흙이 됩니다. 긴 세월을 거치며 지층을 만드는 알갱이들끼리 달라붙으며 단단해집니다.

퇴적암에는 흐르는 물의 작용으로 만들어진 역암, 사암, 이암, 화산이 분출한 물질에서 만들어진 응회암, 생물의 사체 등에서 만들어진 석회암과 처트가 있습니다.

암석의 종류: 변성암

마그마의 열과 압력에 의해 성질이 변화한 암석을 변성암이라고 합니다. 건축재료, 조각 석재 등으로 많이 쓰이는 대리석도 변성암입니다. 대리석은 퇴적암인 석회암이 변하여 만들어집니다.

인쇄된 책은 색을 어떻게 나타낼까?

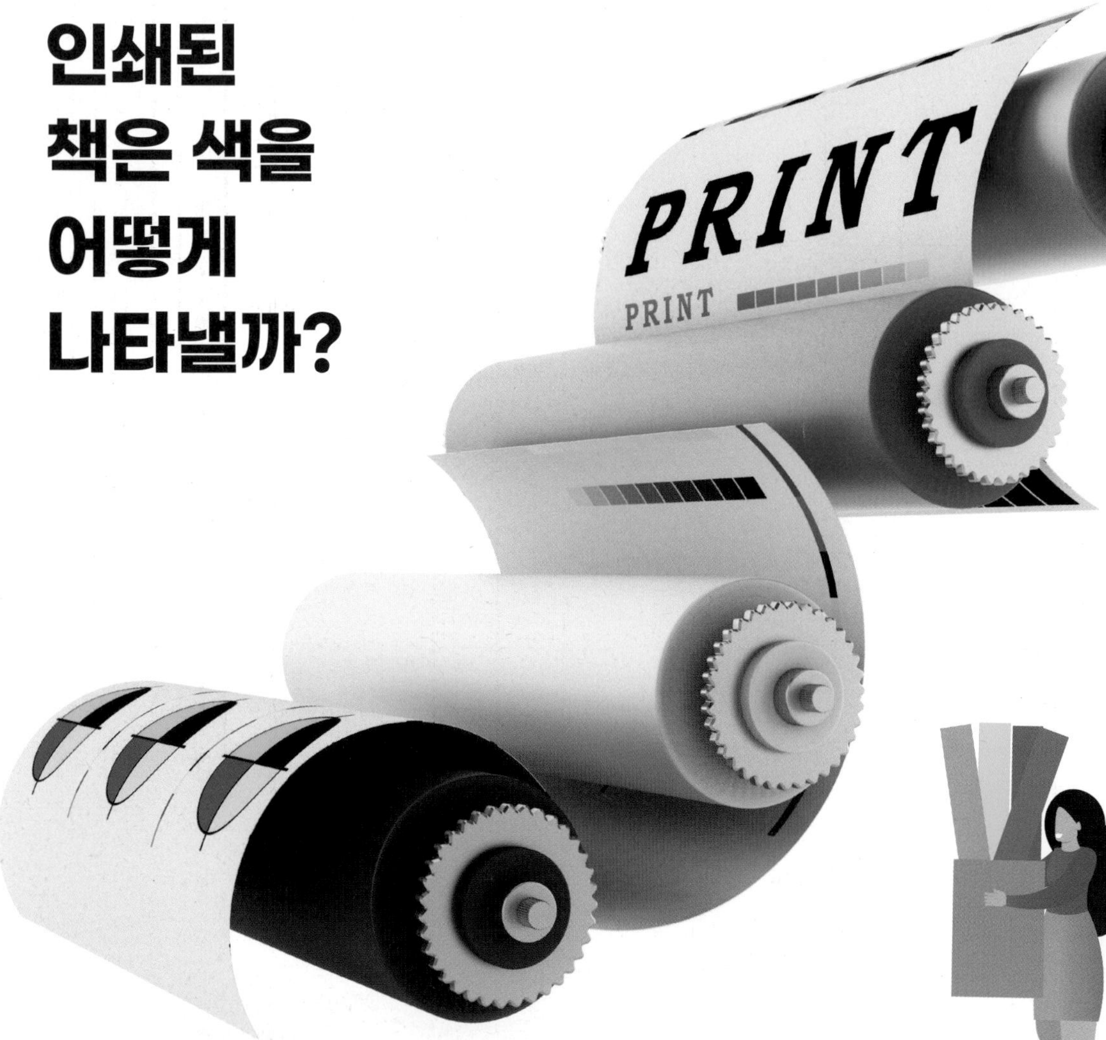

사진 출처: cigdem(shutterstock.com)

사진 출처: SkyPics Studio (shutterstock.com)

어디서든현미경으로 이 책을 살펴보자

지금 우리가 보고 있는 이 책을 어디서든현미경으로 관찰해봅시다. 앞서 12쪽에서 살펴보았듯이, 인쇄된 책은 여러 가지 색깔의 점으로 색을 표현합니다. 이 점들에 대해 자세히 알아보도록 합시다. 우선 어디서든현미경으로 책의 여러 곳을 살펴봅시다. 서로 다른 색깔, 서로 다른 밝기로 인쇄된 부분을 골고루 살펴봅시다.

여러 가지 다른 색깔이 어떻게 보이는지 더 관찰해보고 싶으면, 오른쪽 그림을 활용해보도록 해요.

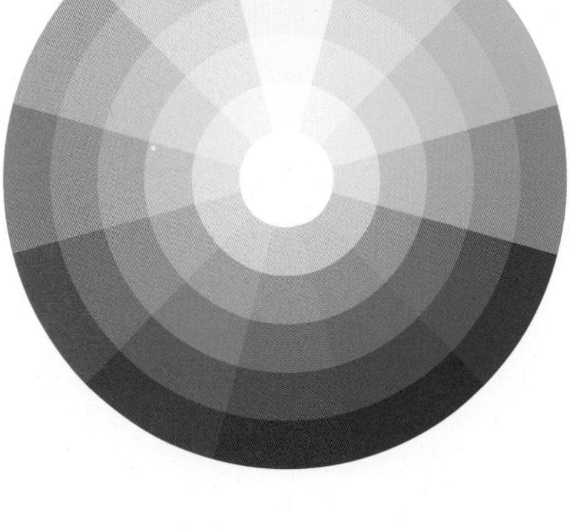
그림 출처: picoStudio(shutterstock.com)

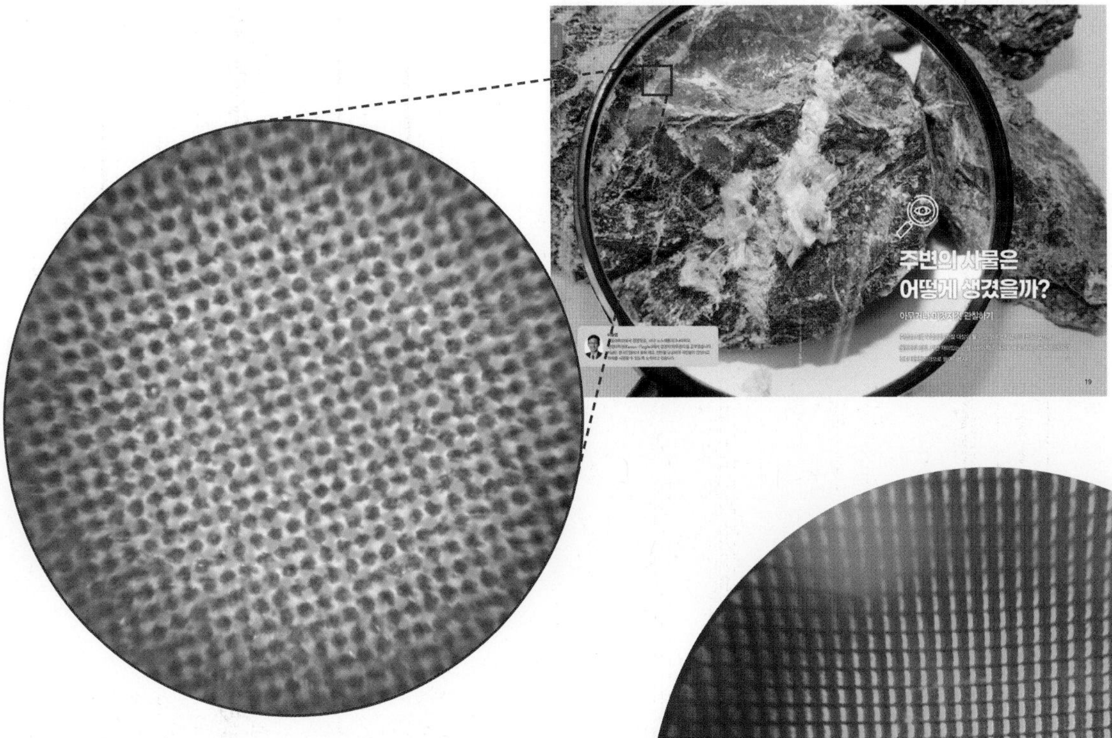

어디서든현미경으로 본 점들의 색깔을 찬찬히 구분해봅시다. 색의 3원색인 빨강, 노랑 ,파랑 점이 있다는 것을 알 수 있을 거예요. 그리고 각각의 점들은 색깔별로 따로따로 줄지어 있는 것도 볼 수 있어요.

이 점들은 자세히 보면 따로 떨어져 있지만, 점들이 아주 작아서 맨눈으로는 잘 분간이 되지 않지요. 이것을 맨눈으로 멀리서 보면 색깔이 섞인, 다른 색깔로 보이는 거예요.

스마트폰 화면을 표현하는 '화소'

우리가 매일 보는 스마트폰이나 컴퓨터 모니터, TV의 화면도 자세히 보면 작은 점들로 이루어져 있습니다. 이 점들은 '화소'라고 부릅니다. 각 화소는 빛의 3원색인 빨강, 초록, 파랑 빛을 낼 수 있는 더 작은 점으로 이루어져 있어요. 빨강, 초록, 파랑 빛이 켜지거나 꺼지고, 또 얼마나 밝게 켜지는지에 따라 서로 다른 색을 표현하는 것이죠.

어디서든현미경으로
본 컴퓨터 모니터의 화소

이런 화면은 종이와 달리 각각의 점들이 빛을 내요. 그래서 인쇄와 달리 색의 3원색이 아니라 빛의 3원색으로 이루어져 있지요. 하지만 작은 점들의 모임으로 화면을 나타내는 점은 인쇄된 종이와 비슷합니다.

점으로 그림을 그린 화가

옛날 화가들 중에도 이런 방식으로 그림을 그리는 사람이 있었어요. 조르주 쇠라(Georges-Pierre Seurat, 1857~1887)라는 19세기 프랑스 화가가 바로 이런 시도를 했던 사람입니다.

아래 그림은 조르주 쇠라의 대표작이라고 할 수 있는 〈그랑드자트섬의 일요일 오후〉라는 작품입니다. 멀리서 보면 잘 분간이 가지 않지만, 가까이서 보면 서로 다른 색깔의 점이 수없이 많이 찍혀 있어요.

나는 빛을 분석하고
연구했던 화가야!

조르주 쇠라의 1884년 작품, 〈그랑드자트섬의 일요일 오후〉

조르주 쇠라

이렇게 점을 찍어서 그림을 그리는 방법을 '점묘법'이라고 해요. 쇠라는 점묘법을 통해, 이 그림에서 특유의 화사한 느낌을 잘 표현했지요. 마치 우리가 직접 공원에 나와서 마치 따뜻한 햇볕을 쬐고 있는 것 같은 느낌이 들지 않나요?

하지만 이렇게 그림을 완성하는 것은 무척이나 고된 작업이었습니다. 그래서 쇠라는 10년 동안 7점의 작품밖에 남기지 못했대요. 〈그랑드자트섬의 일요일 오후〉를 완성하기 위해, 쇠라는 무려 2년에 걸쳐 점을 찍어 완성했다고 해요!

우리 집 안의 먼지는?

사진 출처: myboys.me(shutterstock.com)

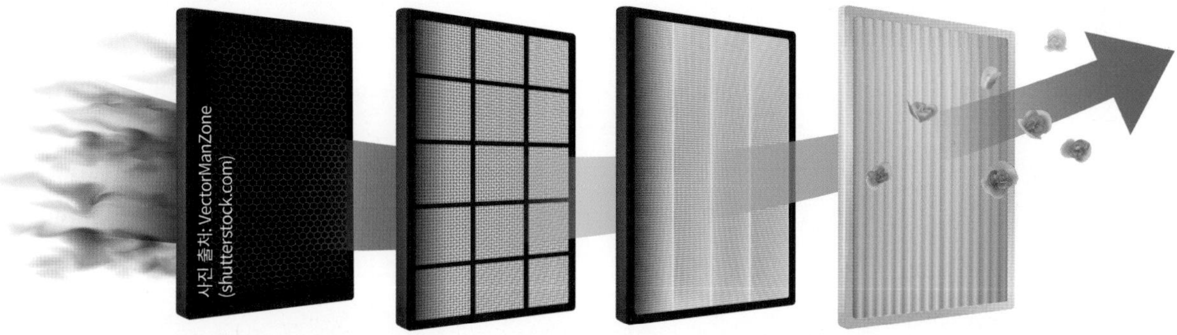

공기청정기를 살펴봅시다

우리가 매일 숨을 쉬는 공기 중에는 먼지가 섞여 있을 수 있어요. 공기청정기는 이 공기 속의 먼지를 걸러내, 깨끗한 공기로 숨을 쉴 수 있게 해줍니다. 공기청정기 안으로 들어간 공기는 '필터'를 통과하게 됩니다. 이 필터에서 먼지가 걸러지지요. 그리고 먼지가 제거된 깨끗한 공기는 공기청정기 밖으로 나옵니다. 새 공기청정기 필터와 사용한 공기청정기 필터를 비교해봅시다.

필터 속 먼지를 확인해봅시다

오래 사용해 더러워진 필터를 깨끗한 필터와 비교해볼까요? 청소하지 않고 오래 사용한 필터를 어디서든현미경으로 살펴봅시다. 그리고 필터를 깨끗이 청소한 뒤에도 살펴보고 비교해봅시다. 청소하지 않은 필터에는 먼지가 잔뜩 끼여 있는 것을 확인할 수 있습니다. 이렇게 먼지가 필터 안에 쌓이기 때문에 주기적으로 필터를 청소해주거나 새 필터로 교체해야 하는 것이죠. 그렇지 않으면 공기청정기가 기능을 제대로 발휘할 수 없겠죠?

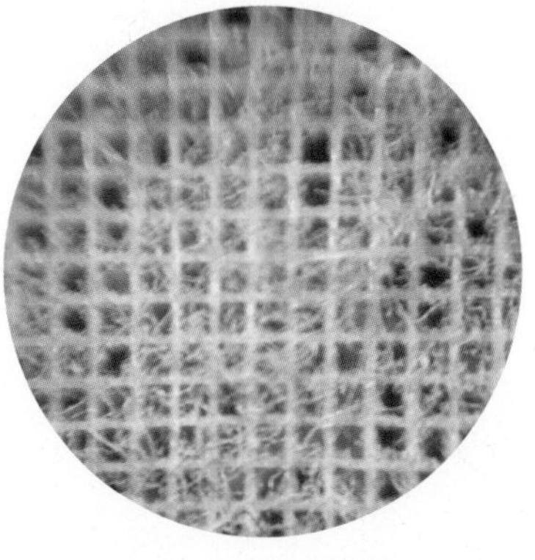
청소를 하지 않아 더러운 필터

깨끗이 청소한 필터

황사현상과 미세먼지

황사현상은 중국과 몽골의 사막지역, 건조지대에서 흙먼지가 바람을 타고 날아와 떨어지는 현상입니다. 우리나라도 주로 봄철에 이 황사현상의 영향을 받습니다. 미세먼지는 인간의 활동이나 산업에서 발생하는, 머리카락 굵기의 10분의 1보다도 작은 먼지입니다. 미세먼지는 폐나 혈관 속으로 파고들어 건강을 해칠 수 있습니다.

마스크를 씁시다

이런 황사현상과 미세먼지로 인한 피해를 막으려면 어떻게 해야 할까요? 황사현상이 일어나는 계절, 그리고 미세먼지가 많은 날에는 꼭 마스크를 쓰도록 합시다. 마스크는 마치 공기청정기의 필터처럼, 공기 중의 먼지를 걸러줍니다. 마스크는 눈에 보이지 않는 세균이나 바이러스로 인한 질병의 전염도 막아줍니다. 말을 하거나 재채기를 할 때 작은 침방울이 튀는데, 이 안에 바이러스가 섞여 있어서 다른 사람에게 옮기는 것입니다. 마스크를 끼면 이렇게

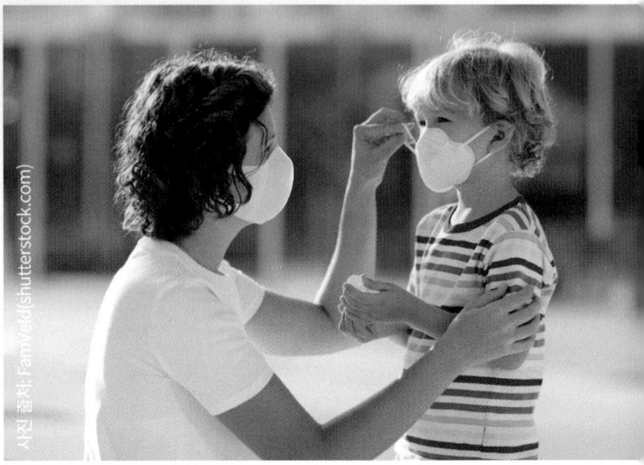
사진 출처: FamVeld(shutterstock.com)

사진 출처: TTLSC(shutterstock.com)

침방울을 통해 바이러스가 퍼지는 것을 예방할 수 있습니다. 감기에 걸렸을 때는 마스크를 꼭 착용하도록 합시다. 그래야 주변 사람들에게 병을 옮기는 것을 피할 수 있습니다.

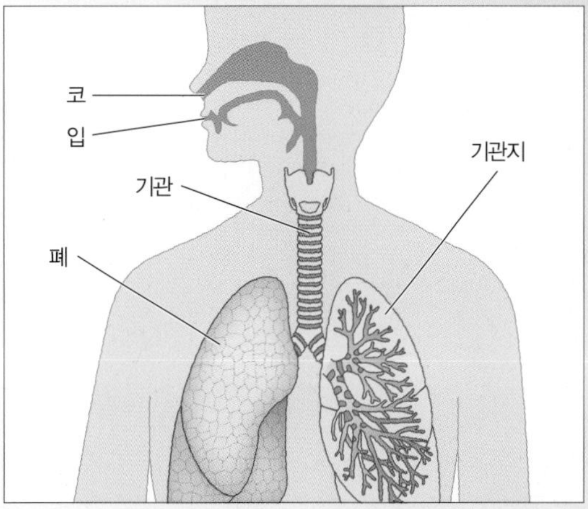

우리 몸에서 먼지를 걸러내는 구조물

우리 몸에도 공기 중의 먼지를 걸러내는 곳이 있습니다. 콧구멍 속 코털과, 기관지 내부의 점막입니다. 우리는 살아가기 위해서 호흡을 합니다. 숨을 쉬는 것이죠. 우리는 숨을 쉴 때 코로 공기를 들이마십니다. 이때 콧속에 있는 코털은 공기 중의 이물질이 우리 몸속으로 들어가는 것을 막아주는 역할을 합니다.
공기는 '기관'이라는 관을 통해 폐로 들어갑니다. 기관은 몸속에서 가지 모양으로 갈라지는데, 이 부분을 '기관지'라고 합니다. 이 기관지 안쪽에도 이물질을 걸러내는 장치가 있습니다. 기관지 안쪽은 점막으로 덮여 있는데, 이 점막이 이물질을 잡아줍니다. 그리고 미세한 털도 있어서 이물질을 바깥으로 내보내는 역할을 합니다.

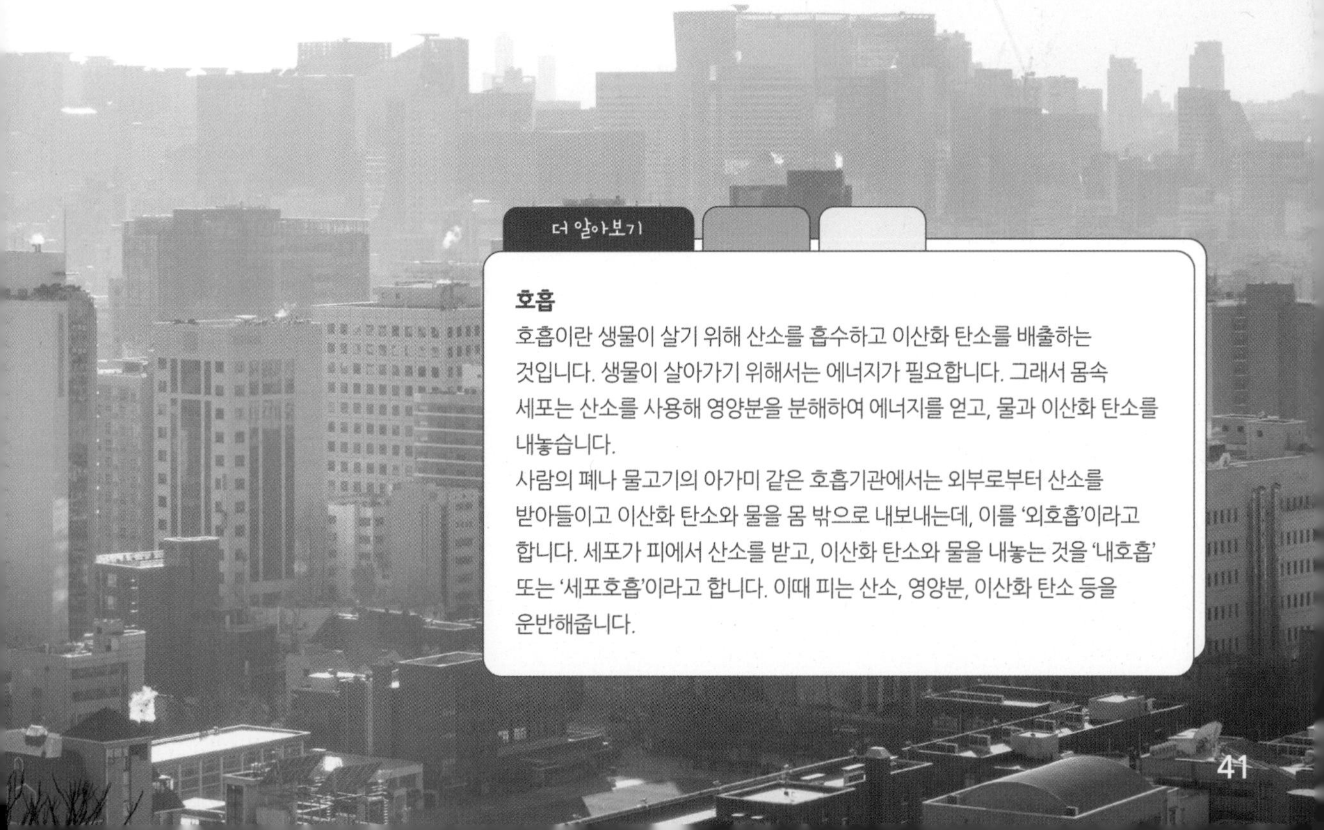

더 알아보기

호흡

호흡이란 생물이 살기 위해 산소를 흡수하고 이산화 탄소를 배출하는 것입니다. 생물이 살아가기 위해서는 에너지가 필요합니다. 그래서 몸속 세포는 산소를 사용해 영양분을 분해하여 에너지를 얻고, 물과 이산화 탄소를 내놓습니다.
사람의 폐나 물고기의 아가미 같은 호흡기관에서는 외부로부터 산소를 받아들이고 이산화 탄소와 물을 몸 밖으로 내보내는데, 이를 '외호흡'이라고 합니다. 세포가 피에서 산소를 받고, 이산화 탄소와 물을 내놓는 것을 '내호흡' 또는 '세포호흡'이라고 합니다. 이때 피는 산소, 영양분, 이산화 탄소 등을 운반해줍니다.

글: 메이커스 주니어 편집팀
사진: 한민세
참고자료: 『초등과학백과』
사진 출처: www.shutterstock.com

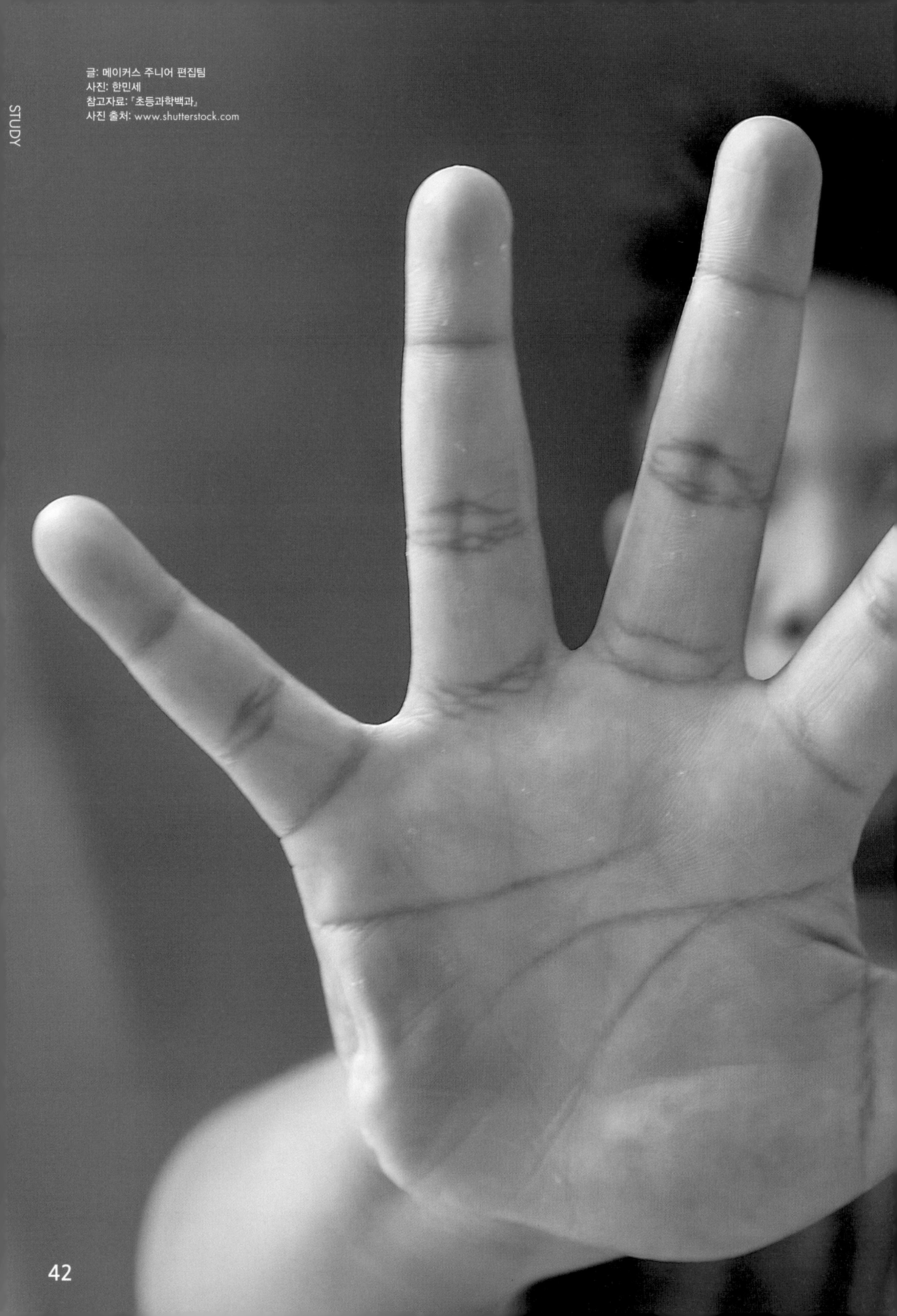

우리 몸은 어떻게 생겼을까?

내 몸 이곳저곳을 어디서든현미경으로 관찰해보자

어디서든현미경으로 우리 몸을 살펴봅시다. 피부, 지문, 머리카락이나 털 등을 크게 확대하여 자세히 관찰해봅시다.

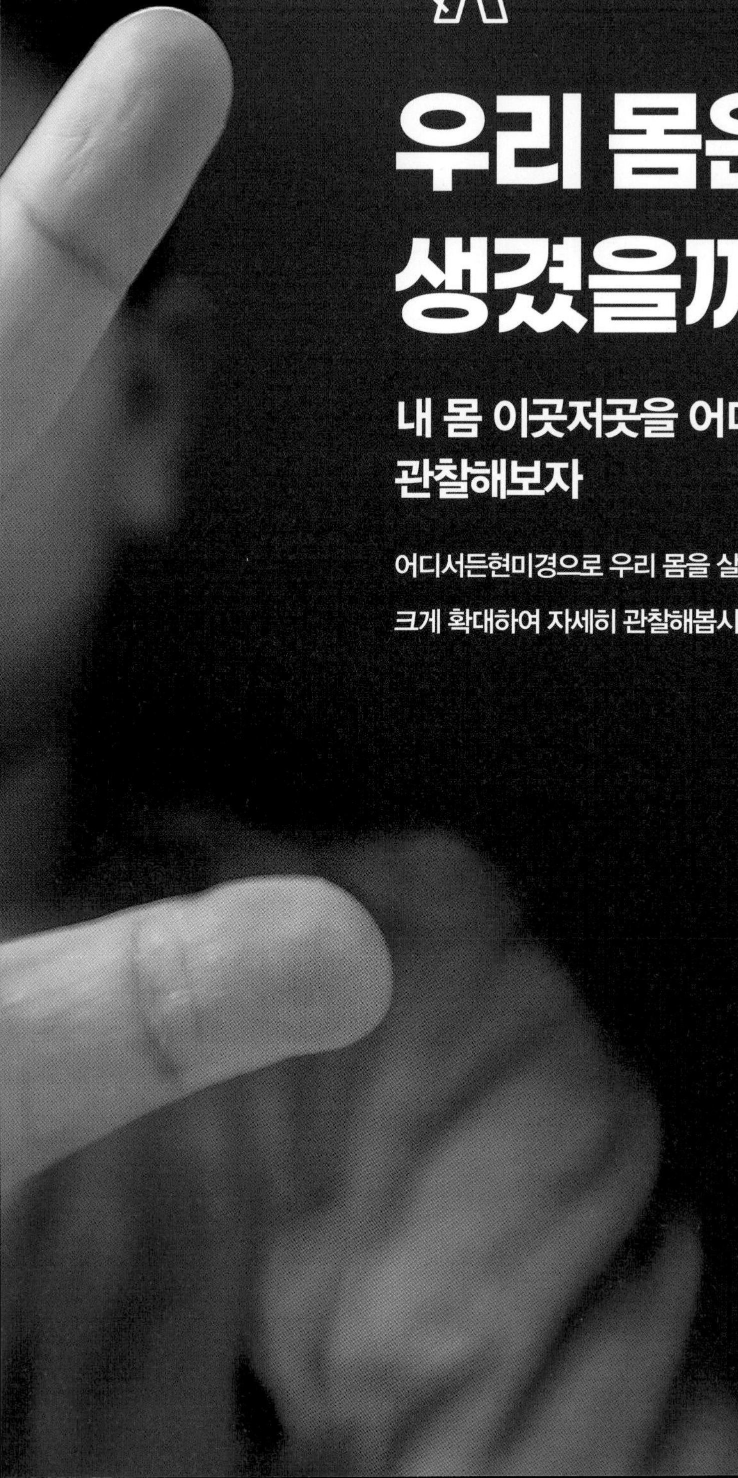

사진 출처: SERASOOT(shutterstock.com)

피부 표면은 어떻게 생겼을까?

피부에 대해서 알아봅시다

우리 몸은 피부로 덮여 있습니다. 피부는 외부의 자극이나 병원체로부터 우리 몸을 보호하는 방어막입니다. 또 수분이 증발하는 것을 막아주죠. 게다가 여러 가지 촉감을 느끼는 감각기관이기도 합니다.

매끄럽게만 보이는 피부를 자세히 살펴봅시다. 무엇이 보이나요?

피부 표면에는 가느다란 주름이 그물처럼 퍼져있고, 잔털이 나 있는 것을 볼 수 있습니다. 점이 있는 곳을 보면 어떻게 보일까요? 한번 관찰해 봅시다. 또, 손가락 끝의 피부에서는 지문을 볼 수 있습니다. 지문에 대해서는 46쪽에서 더 자세히 알아봅시다.

피부의 구조

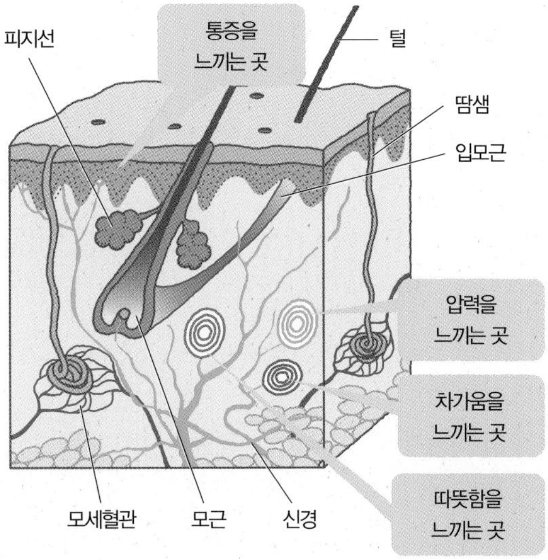

피부의 구조와 역할

앞에서 살펴보았듯이, 우리 몸을 덮고 있는 피부는 여러가지 역할을 합니다. 어디서든현미경으로 볼 수 있는 배율보다 더욱 확대해보면 피부는 어떻게 보일까요? 피부의 내부 구조는 또 어떻게 되어 있을까요?

피부에는 튼튼한 표피가 있어서 수분의 증발을 막아줍니다. 피부에는 땀샘이 있는데, 땀을 내서 불필요한 물질을 내보내거나 체온 조절을 합니다. 이러한 기능 외에 피부는 감각기관이기도 합니다. 피부에는 통증, 따뜻함, 차가움, 압력을 느끼는 부분이 있습니다.

피부로 숨도 쉰다고?

동물에 따라서는 피부로 호흡을 하기도 합니다. 개구리나 도롱뇽 등의 양서류는 폐로도 호흡하지만 피부로도 호흡을 합니다.

양서류는 새끼인 올챙이 때는 물속에서 아가미로 호흡을 하지만, 다 자라면 폐로 호흡을 합니다. 하지만 양서류의 폐는 충분히 발달하지 않았기 때문에 피부로 호흡을 하지요. 양서류

사진 출처: AndreyCherkasov(shutterstock.com)

의 피부가 항상 축축한 것은 피부호흡을 하기 위해서입니다.

그럼, 사람도 피부로 호흡을 할 수 있을까요? 아주 적은 양이지만, 사람도 피부호흡으로 산소를 흡수합니다. 사람이 피부호흡으로 흡수한 산소의 비율은 약 0.6% 정도로, 상당히 적습니다.

사진 출처: Dave Denby Photography(shutterstock.com)

양서류인 개구리는 피부로도 호흡을 해야 하기 때문에 피부가 축축합니다.

지문을 관찰해봅시다

사진 출처: Oleksandr Kliuiev(shutterstock.com)

지문이란?

우리의 손가락 끝을 눈으로 살펴볼까요? 몸의 다른 부분과 달리, 손가락 끝에는 특별한 무늬가 있습니다. 바로 '지문'입니다.

지문은 왜 있는 것일까요? 지문은 우리가 손으로 물체를 잡을 때, 물체를 더 잘 붙잡도록 돕는 역할을 하지요. 손과 물체 사이의 마찰력을 높여서 미끄러지지 않게 해주는 것이지요. 또, 손끝의 감각을 예민하게 해서 질감을 더 잘 느끼게 해주고, 정교한 작업을 할 수 있게 해준다고 해요.

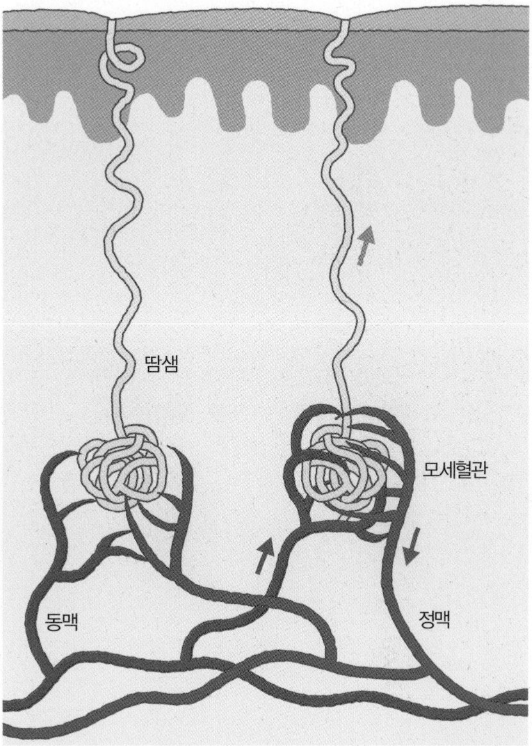

땀샘의 구조

지문을 관찰해봅시다

손가락의 지문을 확대해서 보면 어떻게 보일까요? 어디서든현미경으로 한번 살펴봅시다. 어떻게 보이나요? 나란한 줄무늬 여러 개가 있는 것이 보이나요?

지문의 정체는 무엇일까요? 지문은 땀샘이 늘어선 것이라고 해요. 우리 피부에는 통증, 따뜻함, 차가움, 압력을 느끼는 감각기관이 분포하고 있고, 털과 피지선 등도 있습니다. 피부에는 땀샘도 있는데요, 손가락 끝 피부의 땀샘이 나란히 늘어서서 만들어지는 물결무늬가 지문이 됩니다.

땀샘과 땀

지문을 이루는 땀샘에 대해 자세히 알아봅시다. 땀샘의 끝은 실타래처럼 뭉친 덩어리로 생겼어요. 그리고 이곳에 모세혈관이 분포해 있습니다. 피부의 표면에는 땀샘에서 이어져 있는, 땀이 나오는 구멍이 있습니다. 혈액 속의 불필요한 물질은 땀샘에서 물과 함께 걸러져 땀으로 배설됩니다.

땀의 성분은 오줌과 비슷하다고 해요! 땀은 거의 물로 되어 있지만,

야외에서 흙을 만진 후 씻지 않은 손입니다. 손끝에 더러운 먼지가 많이 붙어 있는 것을 볼 수 있습니다.

소금이 조금 포함되어 있어서 핥아보면 짭짤한 맛이 납니다. 땀은 체온을 조절하는 역할도 합니다. 피부의 표면에서 땀이 증발할 때 몸의 표면에서 기화열을 빼앗아 체온을 내립니다. 그래서 바람이 불면 땀이 증발하면서 시원하게 느껴지지요. 땀의 양은 더울 때는 많아지고 추울 때는 적어집니다.

더러운 손을 관찰해봅시다!

혹시 지문을 관찰할 때, 먼지나 때가 묻어 있지 않았나요? 겉보기에는 깨끗해 보여도, 손을 씻지 않으면 눈에 잘 보이지 않는 때가 있을 수도 있어요. 다시 한번 실체현미경으로 손을 살펴봅시다. 눈으로 볼 때는 보이지 않던, 거뭇거뭇한 때나 먼지가 보이지 않나요? 손을 깨끗이 씻고 나서, 한 번 더 살펴보고 비교해봅시다.

손이 더러울 때, 손에 묻은 먼지를 보았나요? 더러운 손에는 이런 먼지나 때뿐만 아니라, 우리의 실체현미경으로도 보이지 않는 작은 먼지나 세균 등도 있을 수 있지요. 이런 더러운 손으로 음식을 먹는다면 어떨까요? 먼지와 세균이 우리의 몸속으로 들어갈 거예요. 더러운 손 때문에 질병에 걸릴 수도 있어요!

손을 잘 씻기만 해도 우리의 건강을 지킬 수 있어요. 설사질환은 30%, 감기나 인플루엔자 등 호흡기 질환은 20%나 발병률이 감소한다고 해요. 우리 모두 밖에 나갔다가 돌아올 때는 손을 깨끗이 씻기로 해요!

나와 똑같은 지문은 없을까?

지문은 사람마다 모두 달라요. 심지어 외모가 똑같이 생긴 일란성 쌍둥이끼리도 지문은 서로 다르답니다. 지문이 같을 확률은 870억 분의 1이라고 해요. 전 세계의 인구가 80억 명이 채 되지 않으니, 나와 지문이 같은 사람은 아마 없겠지요? 게다가 지문은 평생 변하지 않고, 손가락을 다쳐도 지문은 똑같은 모양으로 되살아납니다. 그래서 범죄를 수사할 때, 지문으로 범인을 찾기도 해요. 증거물에 남은 지문을 채취한 후, 같은 지문을 가진 사람이 있는지 찾아보면 범인을 빨리 찾을 수 있지요.
손으로 일을 많이 하는 사람들이 지문이 닳아 없어지는 경우도 있지만, 이런 경우에는 금방 다시 회복된다고 합니다. 하지만 지문이 변하는 경우도 있어요. 손의 피부를 깊이 다치게 되면 지문이 달라질 수 있대요.

동물의 지문

동물도 지문이 있을까요? 있는 동물도 있고, 없는 동물도 있답니다. 손바닥에 땀샘이 있는 영장류(원숭이, 침팬지, 오랑우탄 등)는 사람처럼 지문이 있어요. 하지만 개나 고양이는 지문이 없지요. 코알라는 영장류가 아닌데도 지문이 있어요. 코알라의 지문은 사람과 너무너무 비슷해서 구분하기가 쉽지 않대요. 심지어 범죄 수사에 혼동을 줄 정도라고 해요!

센서로 지문을 스캔하면 누구인지 알 수 있어요. 지문은 사람마다 다르기 때문에, 개인을 식별하는 수단으로 활용됩니다.

이그나스 제멜바이스.

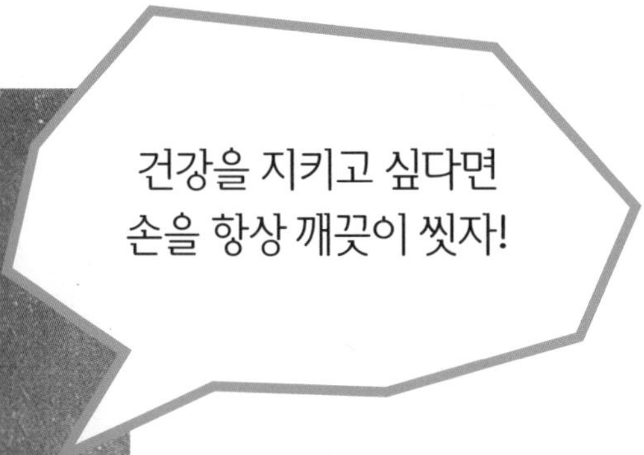

처음으로 손을 씻자고 주장했던 과학자

감염을 막기 위해 손을 깨끗이 씻어야 한다는 것은, 오늘날 누구나 아는 상식입니다. 이 사실을 처음 알아낸 것은 누구일까요? 160여 년 전, 19세기 헝가리 출신의 의사인 이그나스 제멜바이스(Ignaz Semmelweis)는 병원에서 의사들이 손을 꼭 씻어야 한다고 주장했습니다.

당시에는 산부인과에서 산욕열이라는 병으로 목숨을 잃는 산모가 많았습니다. 산욕열은 상처를 통해 세균에 감염되어 생기는 병이지요. 그러나 그때는 아직 사람들이 세균에 대해 몰랐던 시대였습니다. 그래서 산모들이 죽는 원인을 제대로 알아낼 수 없었지요.

1840년대, 제멜바이스는 산파가 아이를 받는 병동보다 의사가 아이를 받는 병동에서 사망률이 더 높은 것을 보았습니다. 알고 보니 의사들이 해부실습을 한 뒤 아이를 받았던 것이었어요. 아직 세균에 대해 몰랐던 시대였지만, 제멜바이스는 시체에서 나온 무엇인가가 분만실로 옮겨 간 것이 아닐까 하고 생각했습니다. 그래서 그는 의사들에게 산모를 돌보기 전에 반드시 소독액으로 손을 씻게 했습니다. 그러자, 과연 산모의 사망률이 급격하게 떨어졌어요!

하지만 불행하게도, 그의 성과는 당시의 의료계에서 널리 받아들여지지 못하고 배척되었어요. 제멜바이스는 손을 씻어야 한다는 주장을 계속했지만, 결국 사람들에게 외면당한 채 1865년 세상을 떠나고 맙니다.

제멜바이스의 주장대로 의사들이 손을 씻기 시작한 것은, 사람들이 세균에 대해 알게 된 19세기 후반에서였습니다. 물론 지금은 모든 의사가 손을 철저하게 씻지요. 비록 제멜바이스의 주장은 살아생전 받아들여지지 않았지만, 그가 발견한 손씻기의 중요성은 오늘날 많은 사람의 목숨을 구하고 있습니다.

셜록 홈스도 지문에 대해 알고 있었다?

여러분도 소설 속에 등장하는 명탐정 셜록 홈스를 알고 있을 거예요. 홈스도 지문을 범죄 수사에 쓸 수 있다는 사실을 알고 있었을까요?

셜록 홈스가 나오는 소설에 지문에 관한 이야기가 나옵니다. 1903년에 발표된 소설『노우드의 건축업자』에는 홈스와 경찰이 범인의 지문에 대해 이야기를 나누는 장면이 나와요. 이 소설 속에서는, 범인이 다른 사람에게 누명을 씌우기 위해 지문을 조작한 것으로 나오지요.

지문이 범죄 수사에 쓰일 수 있다는 것은 19세기 말 사람들도 알고 있었어요. 지문이 사람마다 모두 다르다는 사실은 헨리 폴즈(Henry Faulds)라는 영국인 선교사가 1880년에 발견했다고 하는데, 실은 인도에서 일하던 영국의 치안관 윌리엄 허셜도 비슷한 시기에 발견했지요. 1892년에 아르헨티나에서는 지문으로 한 살인범을 잡은 일이 있었는데, 이것이 지문으로 범인을 찾은 첫 번째 사건이라고 해요.

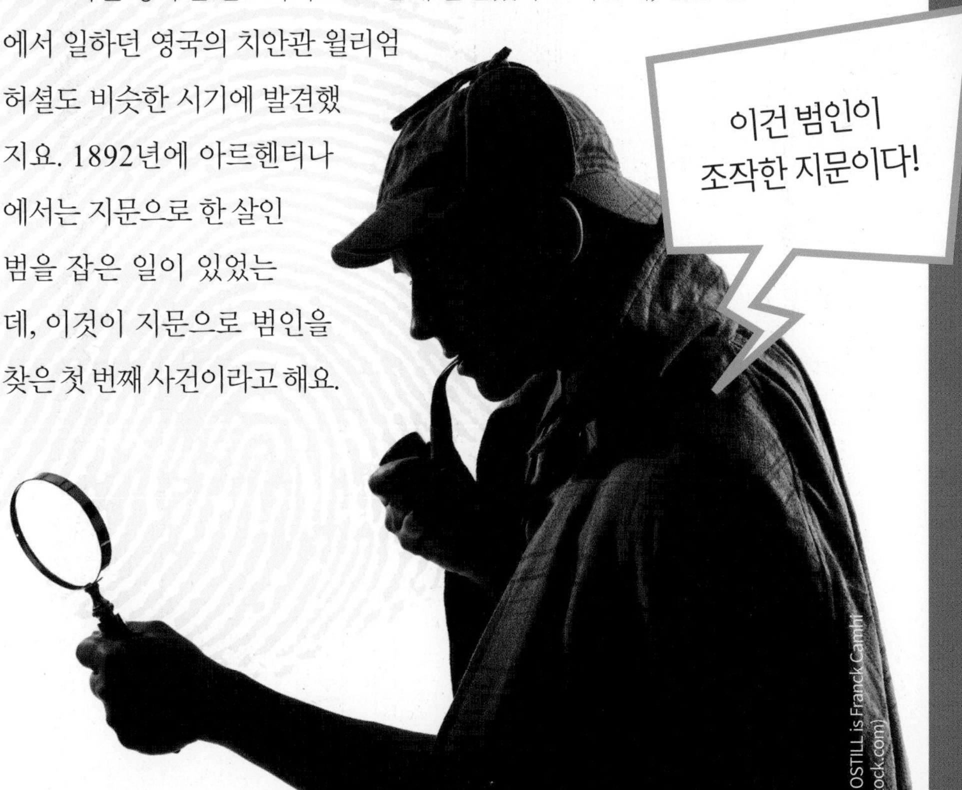

사진 출처: OSTILL is Franck Camhi (shutterstock.com)

사진 출처: Roman Samborskyi(shutterstock.com)

우리 몸의 털을 관찰해봅시다

우리 몸의 털

우리 몸에는 여러 군데에 털이 나 있습니다. 머리에는 머리카락이, 눈 위에는 눈썹이, 눈꺼풀에는 속눈썹이 있습니다. 콧구멍 속에도 코털이 있고, 털이 없는 것처럼 보이는 피부에도 아주 가늘고 짧은 잔털이 나 있지요. 또 남자들은 어른이 되면 얼굴에 수염이 납니다. 사람의 몸에도 털이 있지만, 개나 고양이 같은 동물들의 몸에는 털이 더 많은 것을 볼 수 있어요.

이런 털은 왜 있는 것일까요? 우리 몸의 털을 어디서든현미경으로 관찰해보고, 털에 대해 알아봅시다.

머리카락을 관찰해볼까요?

머리카락을 한 가닥 뽑아서, 어디서든 현미경으로 머리카락을 관찰해 봅시다. 어떻게 보이나요? 머리카락은 굵은 선이나 기둥 같은 모양으로 보

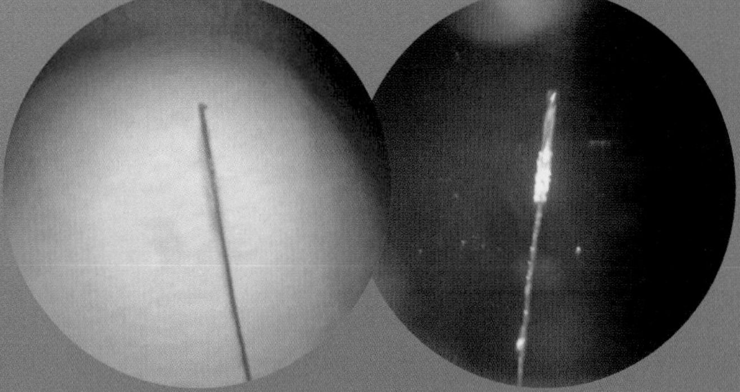

어디서든현미경으로 본 머리카락

입니다. 머리털 뿌리쪽을 관찰해보면 끝부분에 하얀 덩어리처럼 보이는 것이 달려 있습니다. 이 하얀 덩어리는 모근 주변의 조직이라고 해요. 우리 몸의 털의 뿌리 부분을 모근이라고 합니다. 44쪽의 그림을 다시 확인해봅시다.

털의 역할

우리 몸의 여러 가지 털은 각자 그 역할이 있습니다. 머리털은 머리를 보호하고 체온을 유지하는 데 도움을 줍니다. 눈썹과 속눈썹은 눈 속으로 먼지나 이물질이 들어가는 것을 막아주어 눈을 보호하지요. 콧구멍 속의 코털도 폐 속으로 이물질이 들어가는 것을 막아줍니다.

사람이나 개, 고양이, 말과 같은 동물을 '포유류'라고 합니다. 포유류는 젖을 먹여 새끼를 키우는 동물입니다. 포유류의 몸은 대부분 털로 덮여 있어요. 사람도 포유류입니다. 다른 포유류 동물들의 털처럼 풍성하지는 않지만, 사람의 피부도 털이 있어요. 포유류는 스스로 체온을 일정하게 유지할 수 있는 능력이 있는데, 몸에 난 털은 체온을 유지하는 데 도움을 줍니다. 그래서 동물들은 계절에 따라 털갈이를 하기도 합니다. 겨울이 되면 더 풍성한 털이 나서 체온이 달아나지 않도록 보호하지요.

새의 몸은 깃털로 덮여 있어요. 깃털은 동물의 털보다 구조가 복잡해요. 가운데의 기둥에 여러 개의 가지가 뻗어 나와 있고, 이 가지마다

깃털의 구조

그림 출처: Nasky(shutterstock.com)

여름의
북극여우(왼쪽)와
겨울의
북극여우(오른쪽)

더 작은 가지가 뻗어 나와 있지요. 깃털은 포유류의 털처럼 체온을 유지하는 기능도 하지만, 새가 나는 데도 도움을 줍니다. 오리처럼 물에 떠다니는 새들의 깃털은 기름기가 있어서 새가 물에 잘 떠 있을 수 있도록 해줘요.

털의 색깔로 몸을 보호한다?

털이나 깃털의 색이 계절에 따라 변하는 동물들이 있습니다. 이런 동물들은 겨울이 되면 털의 색이 주로 흰색으로 변합니다. 북극곰처럼 추운 곳에 사는 동물도 흰색 털을 가지고 있어요. 이런 털 색깔은 동물들이 살아가는 데에 어떤 도움을 줄까요?

겨울이 되면 눈이 내려서 주위가 하얗게 됩니다. 주변 풍경과 비슷하게 털이나 깃털의 색깔이 하얗게 변하면, 다른 동물들의 눈에 잘 띄지 않게 될 거예요. 이렇게 하면 나를 잡아먹을 천적으로부터 자신을 보호할 수 있어요. 또, 육식동물은 사냥감이 될 다른 동물의 눈에 잘 띄지 않아서 사냥에 성공하기 쉬워질 거예요.

이러한 동물은 여름에는 털이나 깃털이 녹색이나 회색, 갈색 등 어두운 색을 띠는데, 이렇게 하는 것도 마찬가지로 주변 색깔에 맞춰서 자신을 보호하기 위해서입니다.

여름의
뇌조(왼쪽)와
겨울의
뇌조(오른쪽)

항온동물과 변온동물

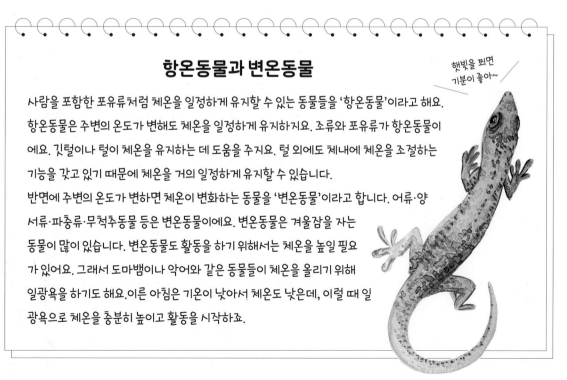

사람을 포함한 포유류처럼 체온을 일정하게 유지할 수 있는 동물들을 '항온동물'이라고 해요. 항온동물은 주변의 온도가 변해도 체온을 일정하게 유지하지요. 조류와 포유류가 항온동물이에요. 깃털이나 털이 체온을 유지하는 데 도움을 주지요. 털 외에도 체내에 체온을 조절하는 기능을 갖고 있기 때문에 체온을 거의 일정하게 유지할 수 있습니다.

반면에 주변의 온도가 변하면 체온이 변화하는 동물을 '변온동물'이라고 합니다. 어류·양서류·파충류·무척추동물 등은 변온동물이에요. 변온동물은 겨울잠을 자는 동물이 많이 있습니다. 변온동물도 활동을 하기 위해서는 체온을 높일 필요가 있어요. 그래서 도마뱀이나 악어와 같은 동물들이 체온을 올리기 위해 일광욕을 하기도 해요.이른 아침은 기온이 낮아서 체온도 낮은데, 이럴 때 일광욕으로 체온을 충분히 높이고 활동을 시작하죠.

글: 메이커스 주니어 편집팀, 박민지(58~65쪽)
사진: 한민세
참고자료: 『초등과학백과』
사진 출처: www.shutterstock.com
곤충표본 제공 및 자문: 서대문자연사박물관(66~71쪽)

식물과 곤충은 어떻게 생겼을까?

식물의 몸, 곤충의 몸

우리 주변에는 여러 가지 꽃, 나뭇잎, 벌레들이 살고 있습니다.
식물과 곤충의 몸을 크게 확대해서 보면 어떻게 보일까요?
어디서든현미경으로 살펴봅시다.

사진 출처: Marek Mierzejewski(shutterstock.com)

꽃을 관찰해봅시다

계절에 따라 여러 가지 꽃이 펴요

어김없이 봄이 왔다는 소식을 알리며 예쁘게 피는 꽃과 식물들. 우리는 꽃이 피는 것을 보며 계절의 변화를 알 수 있습니다. 봄에는 개나리와 진달래, 여름에는 해바라기, 가을에는 코스모스, 겨울에는 동백꽃 등이 핍니다. 이렇게 꽃이 핀 시기를 통해 계절을 구분하기도 하지요. 오늘은 여러분과 함께 꽃을 자세히 관찰해볼까 해요. 자세히 보면 다양한 구성으로 꽃이 이루어진다는 것을 알 수 있어요.

꽃의 구조를 알아볼까요?

우선 꽃의 구조를 살펴볼까요? 꽃은 크게 꽃잎, 꽃받침, 암술, 수술 등으로 이루어져 있어요.

꽃잎 꽃의 내부 기관을 둘러싸서 암술과 수술을 보호해줘요. 꽃잎의 수는 종류에 따라 다르

사진 출처: Alexander Raths(shutterstock.com)

고 다양한 색과 모양을 가지고 있어요.

수술 꽃밥과 이를 받치고 있는 수술대로 이루어져 있어요. 꽃가루를 만드는 중요한 부분입니다.

암술 암술은 꽃가루를 받아 열매와 씨를 맺습니다. 꽃에서 가장 안쪽에 있어요. 암술머리, 암술대, 씨방으로 이루어집니다.

꽃받침 꽃의 바깥쪽 부위로 꽃을 보호하고, 꽃을 받쳐주는 역할을 해요.

사진 출처: Inna Bigun(shutterstock.com)

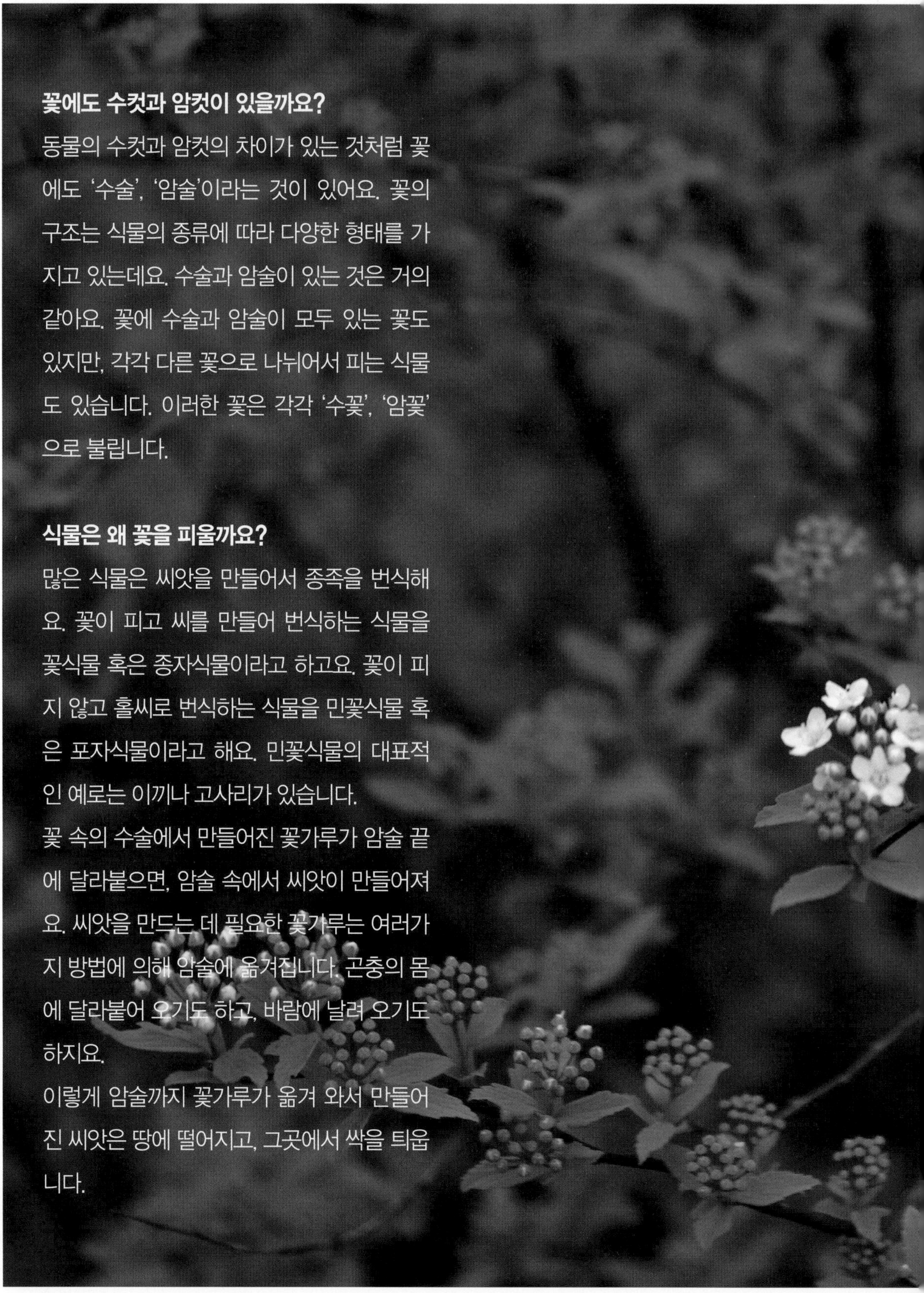

꽃에도 수컷과 암컷이 있을까요?

동물의 수컷과 암컷의 차이가 있는 것처럼 꽃에도 '수술', '암술'이라는 것이 있어요. 꽃의 구조는 식물의 종류에 따라 다양한 형태를 가지고 있는데요. 수술과 암술이 있는 것은 거의 같아요. 꽃에 수술과 암술이 모두 있는 꽃도 있지만, 각각 다른 꽃으로 나뉘어서 피는 식물도 있습니다. 이러한 꽃은 각각 '수꽃', '암꽃'으로 불립니다.

식물은 왜 꽃을 피울까요?

많은 식물은 씨앗을 만들어서 종족을 번식해요. 꽃이 피고 씨를 만들어 번식하는 식물을 꽃식물 혹은 종자식물이라고 하고요. 꽃이 피지 않고 홀씨로 번식하는 식물을 민꽃식물 혹은 포자식물이라고 해요. 민꽃식물의 대표적인 예로는 이끼나 고사리가 있습니다.

꽃 속의 수술에서 만들어진 꽃가루가 암술 끝에 달라붙으면, 암술 속에서 씨앗이 만들어져요. 씨앗을 만드는 데 필요한 꽃가루는 여러가지 방법에 의해 암술에 옮겨집니다. 곤충의 몸에 달라붙어 오기도 하고, 바람에 날려 오기도 하지요.

이렇게 암술까지 꽃가루가 옮겨 와서 만들어진 씨앗은 땅에 떨어지고, 그곳에서 싹을 틔웁니다.

어디서든현미경으로 본 꽃

잎을 관찰해봅시다

잎맥이란 무엇일까요?

사람에게는 손가락 끝에 지문이 있지요? 식물의 잎에도 각기 다른 형태의 잎맥이 있어요. 잎을 자세히 살펴보면 선이 여러 개 이어져 있는 것이 보이지요. 이 부분을 잎맥이라고 해요. 잎맥은 잎의 형태를 유지해주고 물과 영양분이 쉽게 이동할 수 있도록 이동 통로 역할을 해줍니다. 잎맥을 자세히 관찰해보면 식물에 따라 모양이 다른 것을 알 수 있어요. 잎맥은 퍼진 모양에 따라 그물맥과 나란히맥으로 나눌 수 있어요. 두 잎맥은 눈으로 보아도 확연히 구분된답니다. 잎맥에 대해 자세히 알아볼까요?

잎맥

나란히맥(외떡잎식물)

식물 잎이 세로로 긴 잎맥이 나란히 배열되어 있는 것이 특징이에요. 나란히맥으로 된 대표적인 식물은 자주달개비, 강아지풀, 벼 등이 있어요.

그물맥(쌍떡잎식물)

식물 잎의 잎맥이 그물 모양으로 이루어져 있어요. 그물맥으로 된 대표적인 식물은 개나리, 느티나무, 민들레 등이 있어요.

사진 출처: phungatanee(shutterstock.com)

잎맥과 떡잎

그물맥이나 나란히맥을 가진 식물은 종자식물, 그중에서도 '속씨식물'입니다. 속씨식물에는 '외떡잎식물'과 '쌍떡잎식물'이 있어요. 씨앗이 싹을 틔울 때 처음 나오는 잎을 '떡잎'이라고 하는데, 외떡잎식물은 떡잎이 1장, 쌍떡잎식물은 2장 납니다. 외떡잎식물의 잎맥이 나란히맥, 쌍떡잎식물의 잎맥이 그물맥이에요.

식물의 분류

종자식물에는 '속씨식물' 외에 '겉씨식물'이 있어요. 속씨식물은 밑씨가 씨방에 싸여 있고, 겉씨식물은 씨방이 없어 밑씨가 노출되어 있지요. 소나무, 은행나무가 겉씨식물입니다. 겉씨식물은 열매(과실)를 맺지 않아요. 사과나 배 같은 과일나무들은 속씨식물이랍니다.

사진 출처: eNjoy iStyle(shutterstock.com)
사진 출처: 9dream studio(shutterstock.com)

잎을 더 자세히 들여다보면?

그렇다면 잎 내부의 구조는 어떻게 생겼을까 궁금증이 생길 텐데, 잎의 표피를 현미경으로 자세히 들여다보면 많은 것들을 알 수 있어요. 이렇게 자세히 관찰하려면 우리의 어디서든현미경보다 더욱 배율이 높은 현미경으로 보아야 한답니다.

표피의 안쪽에는 많은 세포들이 보이고, 잎의 뒷면에는 기공이 있어요. 여기서 잠깐, 기공이란 무엇일까요? 쉽게 말하면 잎에 있는 공기구멍이에요. 잎의 앞면보다 뒷면에 많이 있어요. 우리 눈에는 보이지 않는 구멍이 수없이 많이 존재하지요. 기공은 잎이 광합성과 호흡을 할 때 기체가 드나드는 출입구가 됩니다.

식물의 뿌리, 줄기, 잎이 사람의 장기와 혈관처럼 서로 도움을 주면서, 식물이 생활하고 자라는 데 중요한 역할을 해요. 식물도 동물처럼 종류도 다양하고, 햇빛이나 물, 영양분 등 여러 가지 환경의 영향을 많이 받아요.

마당에 여러 가지 식물로 정원을 꾸미는 사람들도 많고, 집 안에서 화분으로 식물을 기르는 사람들도 많지요. 식물의 구조와 역할을 알고 있으면 식물을 기를 때 더 큰 도움이 되겠죠? 어디서든 현미경으로 꽃과 잎도 관찰해봅시다.

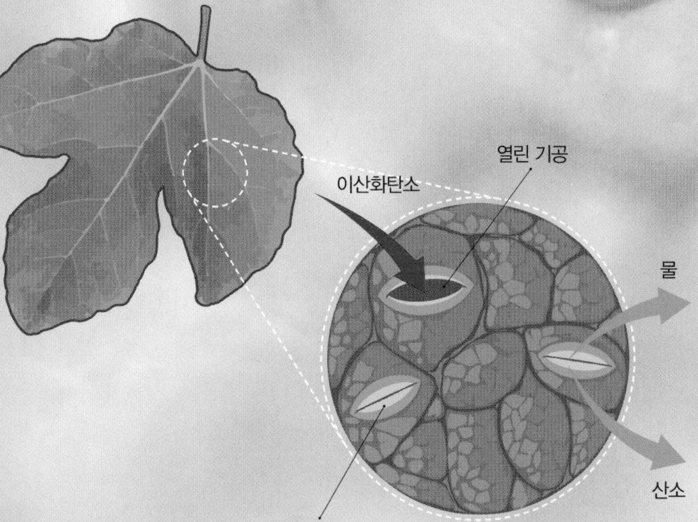

사진 출처: EreborMountain(shutterstock.com)

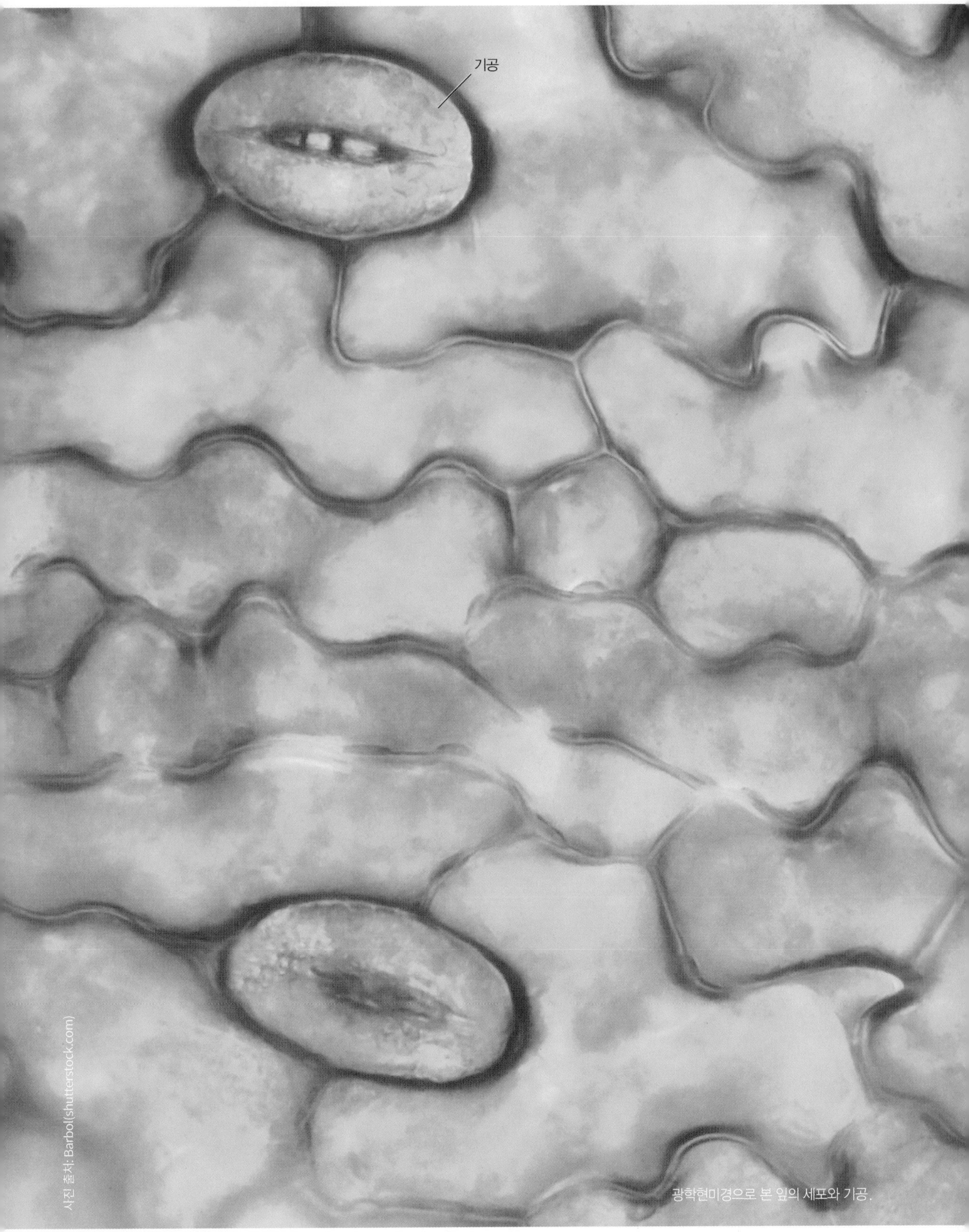

사진 출처: Barbol(shutterstock.com)

광학현미경으로 본 잎의 세포와 기공.

곤충의 몸을 관찰해봅시다

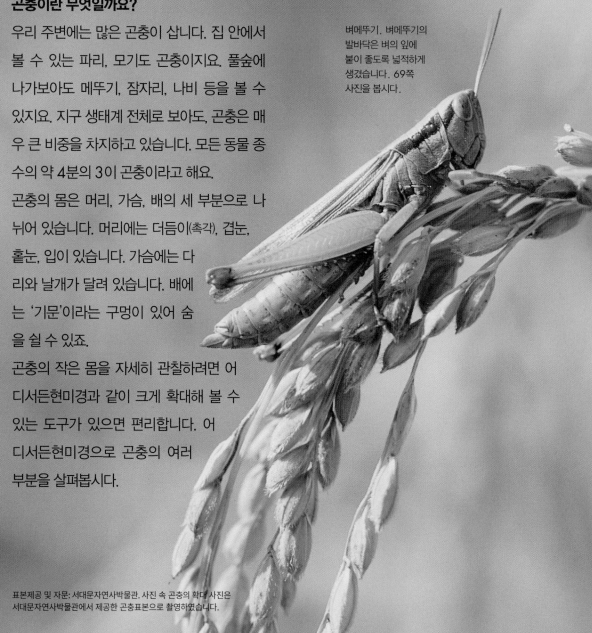

벼메뚜기. 벼메뚜기의 발바닥은 벼의 잎에 붙이 좋도록 넓적하게 생겼습니다. 69쪽 사진을 봅시다.

곤충이란 무엇일까요?

우리 주변에는 많은 곤충이 삽니다. 집 안에서 볼 수 있는 파리, 모기도 곤충이지요. 풀숲에 나가보아도 메뚜기, 잠자리, 나비 등을 볼 수 있지요. 지구 생태계 전체로 보아도, 곤충은 매우 큰 비중을 차지하고 있습니다. 모든 동물 종수의 약 4분의 3이 곤충이라고 해요.

곤충의 몸은 머리, 가슴, 배의 세 부분으로 나뉘어 있습니다. 머리에는 더듬이(촉각), 겹눈, 홑눈, 입이 있습니다. 가슴에는 다리와 날개가 달려 있습니다. 배에는 '기문'이라는 구멍이 있어 숨을 쉴 수 있죠.

곤충의 작은 몸을 자세히 관찰하려면 어디서든현미경과 같이 크게 확대해 볼 수 있는 도구가 있으면 편리합니다. 어디서든현미경으로 곤충의 여러 부분을 살펴봅시다.

표본제공 및 자문: 서대문자연사박물관. 사진 속 곤충의 확대 사진은 서대문자연사박물관에서 제공한 곤충표본으로 촬영하였습니다.

사진 출처: wizdata(shutterstock.com)

더 알아보기

풀무치 몸의 구조

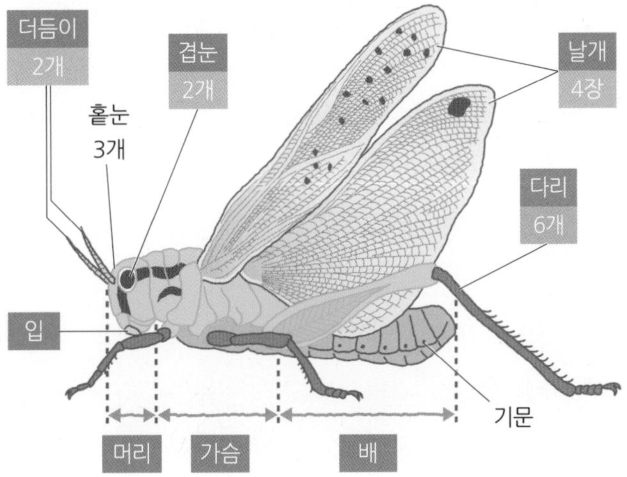

장수풍뎅이 몸의 구조

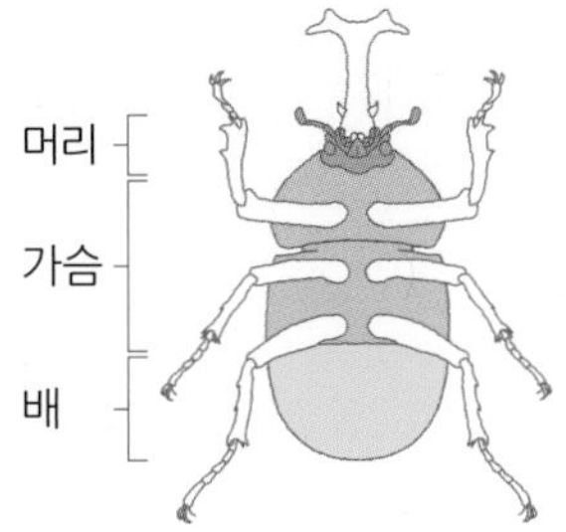

벌 몸의 구조

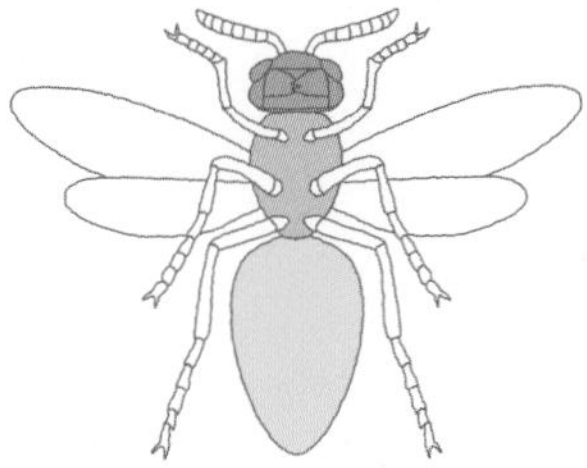

잠자리 몸의 구조

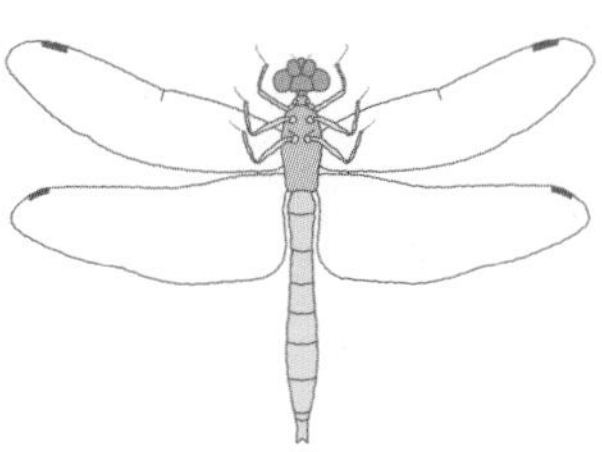

배추흰나비 몸의 구조

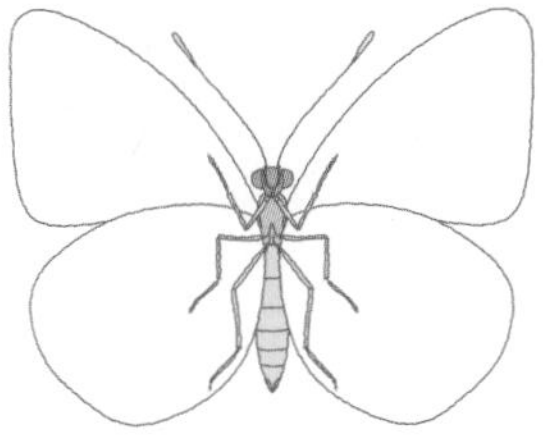

매미 몸의 구조

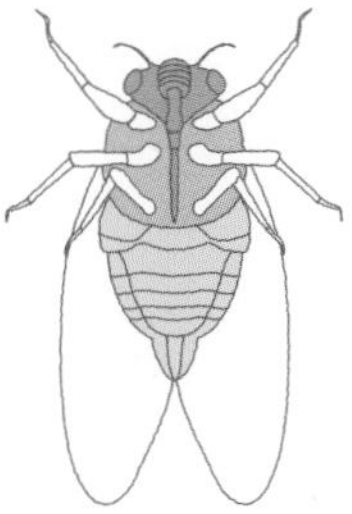

개미 몸의 구조

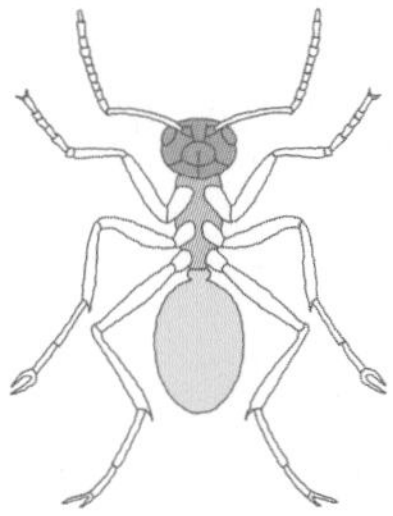

곤충의 머리

먼저 곤충의 머리를 살펴볼까요? 살아 있는 곤충은 관찰하기 힘들기 때문에, 곤충표본을 활용하여 관찰하는 것이 좋습니다.

더듬이 곤충의 머리 부분에 달려 있습니다. 주변의 물체를 알아보거나, 냄새나 맛을 느끼는 곳입니다. 곤충에게는 1쌍(2개)의 더듬이가 있습니다.

겹눈 곤충의 머리 부분에 달려 있고, 형태나 색을 감지할 수 있습니다. 수없이 많고 작은 눈(개안)이 모여서 하나의 눈을 이루고 있습니다. 둥근 모양으로 나란히 이루어져 있기 때문에, 넓은 범위를 볼 수 있습니다.

홑눈 곤충이나 거미 등의 머리 부분에 달려 있는 작은 형태로 간단한 구조의 눈입니다. 밝기를 느낍니다. 배추흰나비의 성충에는 없습니다.

입 곤충의 먹이는 정해져 있기 때문에, 입 모양은 먹이를 잡는 데에 적합한 구조로 이루어져 있습니다.

곤충의 다리

곤충의 다리를 살펴봅시다. 곤충의 가슴의 마디는 3개로 나뉘어 있습니다. 각각의 마디에서 1쌍(2개)의 다리가 나와 있습니다. 그리고 이 다리는 곤충마다 자신에게 알맞은 구조를 갖고 있습니다. 곤충이 사는 환경에 따라 다리 모양도 서로 다릅니다.

곤충의 입의 구조와 역할

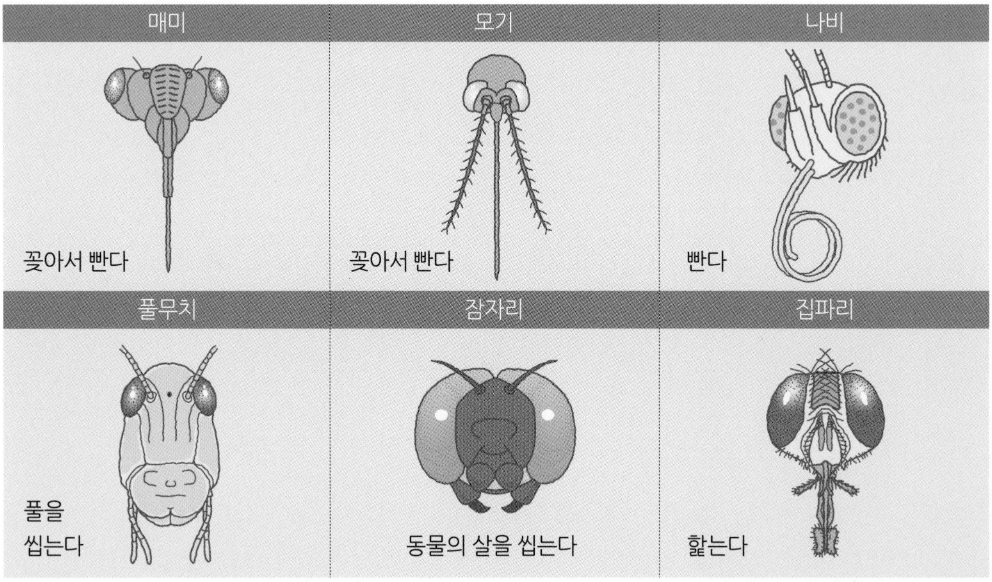

곤충 관찰 탐구 기록장

일시	2021 년 8 월 1 일부터 30 일까지	관찰자	김관찰
관찰 주제	곤충들의 머리와 다리	관찰 장소	서대문자연사박물관

어디서든 현미경으로 곤충표본을 관찰하였습니다.

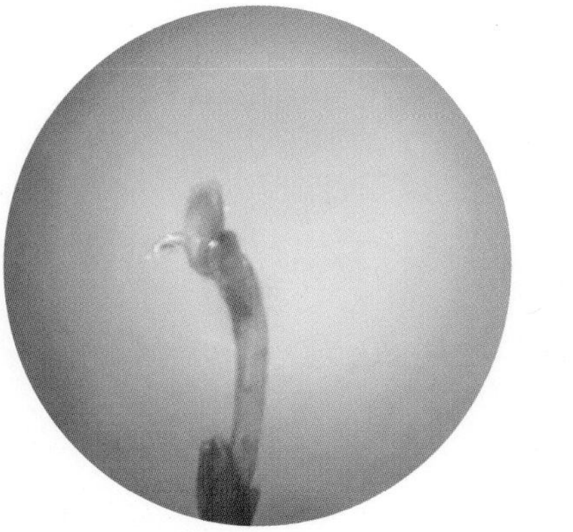

벼메뚜기의 발. 벼메뚜기는 벼의 잎에 붙어서 살지요. 그래서 발끝이 잎에 붙기 좋게 넓적한 모양을 하고 있고, 그 양쪽으로 발톱이 있습니다.

장수풍뎅이의 발. 나무껍질을 기어오르기 위해 발끝에 날카로운 발톱이 있는 것을 볼 수 있습니다.

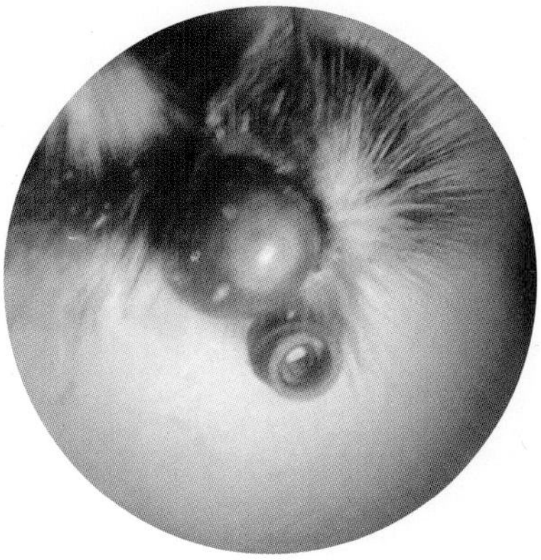

나비의 입. 돌돌 말려 있는 부분이 입입니다. 대롱이 둥글게 말려 있는 모양입니다. 이 입을 쭉 펴서 빨대처럼 꽃의 꿀을 빨아 먹습니다

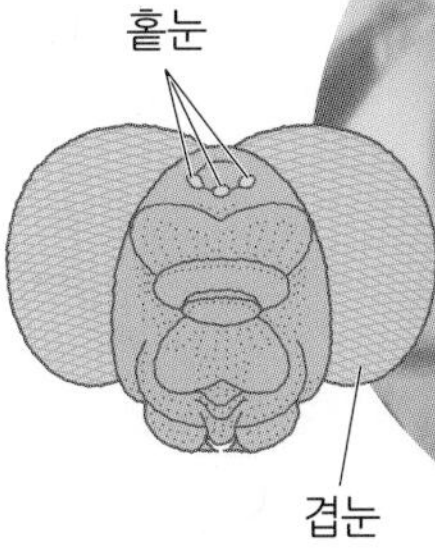

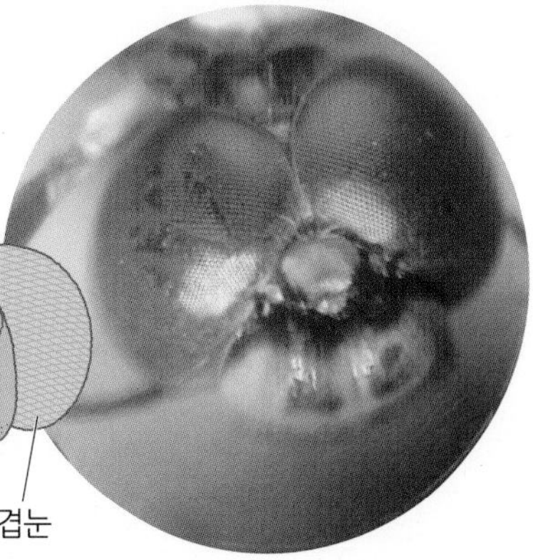

왕잠자리의 눈. 커다란 겹눈이 머리 전체를 덮을 정도로 큽니다. 겹눈은 수없이 많은 작은 눈이 모여 있는 것입니다. 잠자리의 눈을 살펴보면 확인할 수 있습니다.

추가 관찰 사항

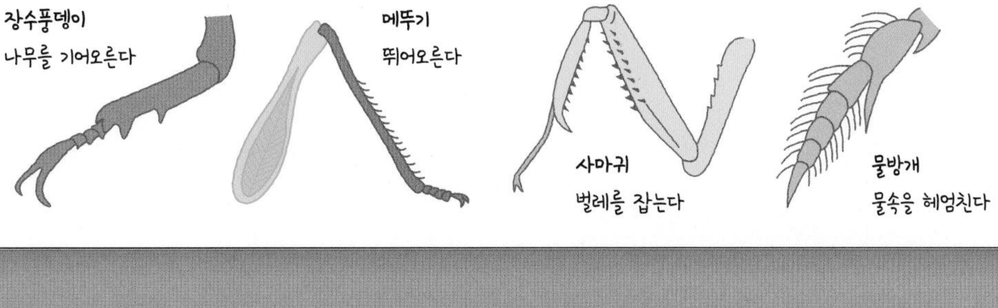

곤충의 날개

곤충의 날개를 살펴봅시다. 곤충의 날개는 가슴에 달려 있습니다. 날개가 4장인 곤충, 2장인 곤충, 날개가 없는 곤충이 있습니다. 날개가 4장 있는 것에는 나비, 장수풍뎅이, 벌, 잠자리, 메뚜기 등이 있습니다. 날개가 2개 있는 것에는 파리, 등에, 모기 등이 있고, 뒷날개는 퇴화했습니다. 날개가 없는 것에는 벼룩, 톡토기 등이 있고, 공중을 나는 능력이 없어진 부류입니다.

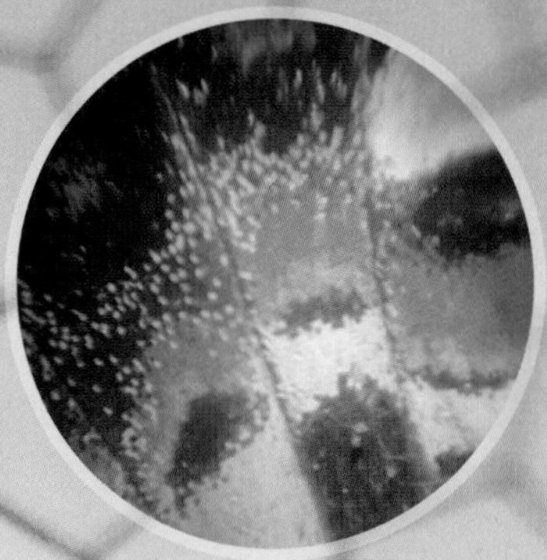

호랑나비의 날개입니다. 나비의 날개는 비늘과 같은 구조로 되어 있습니다. 나방의 날개도 나비와 마찬가지로 비늘과 같은 구조로 되어 있지요.

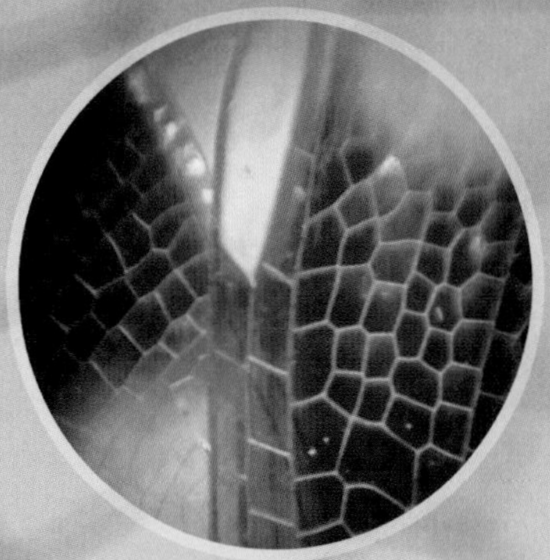

잠자리의 날개. 그물 같은 날개맥을 볼 수 있습니다. 다른 곤충과 달리, 잠자리는 쉴 때도 날개를 편 채로 쉽니다.

더 알아보기

여러 곤충의 날개

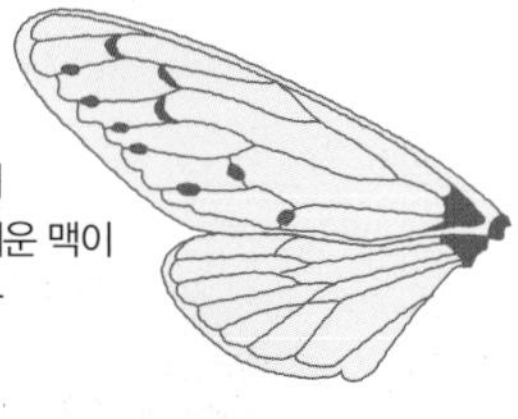

매미 두꺼운 맥이 있다

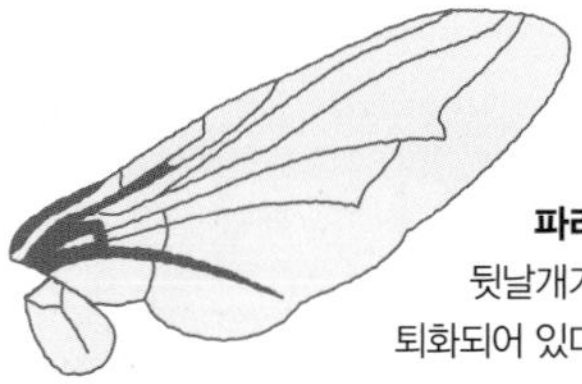

파리 뒷날개가 퇴화되어 있다

칠성무당벌레 앞날개가 딱딱하다

호랑나비 비늘과 같은 가루가 붙어 있다

사진 출처: Swill Klitch(shutterstock.com)

글: 이동현, 박민지

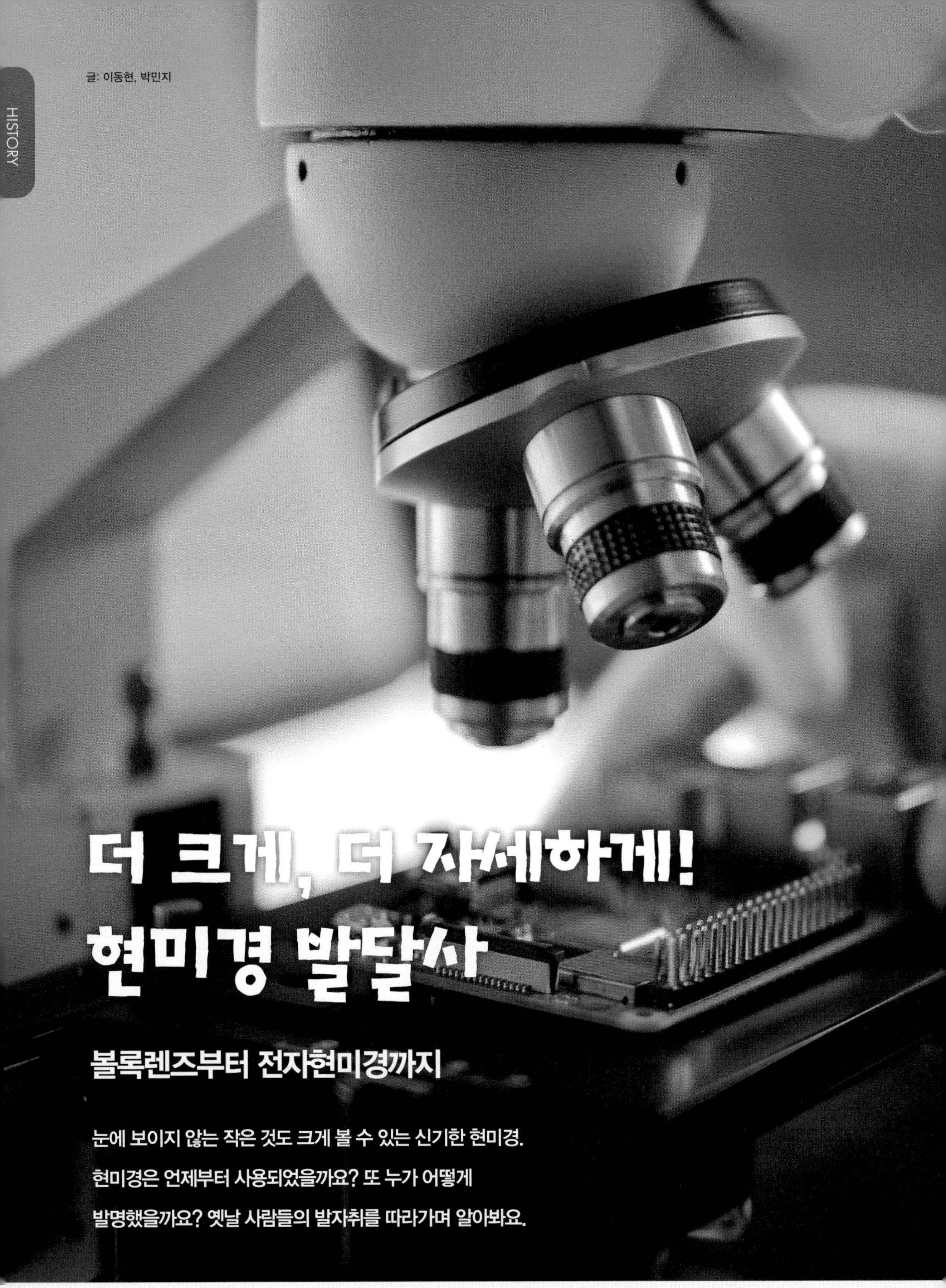

더 크게, 더 자세하게!
현미경 발달사

볼록렌즈부터 전자현미경까지

눈에 보이지 않는 작은 것도 크게 볼 수 있는 신기한 현미경.
현미경은 언제부터 사용되었을까요? 또 누가 어떻게
발명했을까요? 옛날 사람들의 발자취를 따라가며 알아봐요.

렌즈, 안경, 그리고 망원경

학봉 김성일의 안경. 우리나라에서 가장 오래된 안경입니다. 렌즈는 수정으로 만들었습니다. 사진출처: 한국 기록유산 Encyves(http://dh.aks.ac.kr/Encyves/wiki/index.php/학봉_안경)

렌즈를 이용했던 옛날 사람들

눈에 잘 보이지 않는 작은 물체를 관찰할 수 있는 현미경은 언제부터 사용되었고, 어떻게 발명되었을까요?

볼록렌즈를 사용하면 작은 물체를 크게 확대해서 볼 수 있습니다. 옛날 사람들도 이런 사실을 알고 있었다고 해요. 이미 수천 년 전, 고대 그리스 시대부터 이런 사실이 알려져 있었다고 하지요.

중세 사람들은 렌즈의 성질을 이용해서 여러 가지 도구를 만들었습니다. 중세 수도사들은 석영의 일종인 녹주석으로 렌즈를 만들어 글자를 크게 확대해서 읽었어요. 볼록렌즈로 안경을 만들어 쓰기도 했어요. 우리나라에도 조선시대에 이미 안경을 사용했어요. 16세기의 학자, 학봉 김성일의 안경이 우리나라에 남아 있는 가장 오래된 안경이라고 합니다.

자카리아스 얀선의 망원경

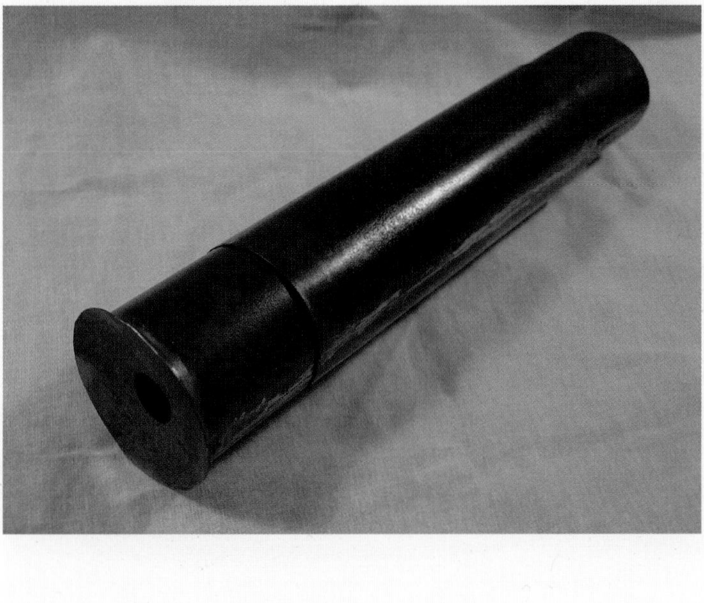

한스 얀선과 자카리아스 얀선의 망원경

사람들은 멀리 있는 것을 가까이 보기 위해 렌즈로 망원경도 만들었어요. 망원경이 발명된 때와 비슷한 시기에, 현미경도 만들어졌습니다.

여러 개의 렌즈로 현미경을 처음 만든 사람은 네덜란드의 안경제작자인 한스 얀선과 자카리아스 얀선(Hans & Zacharias Janssen) 부자였다고 해요. 관의 양쪽 끝에 렌즈를 하나씩 달아서 만들었죠. 접으면 3배, 펴면 10배까지 물체를 확대해서 볼 수 있었죠.

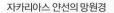

현미경의 발명

훅의 현미경. 램프로 불을 켠 후, 물이 든 둥근플라스크와 볼록렌즈로 빛을 모아 관찰할 대상을 비추었어요. 사진출처: Wellcome Library, London(commons.wikimedia.org)

훅의 현미경과 세포의 발견

현미경의 발명에서 영국의 로버트 훅(Robert Hooke, 1635~1703)이라는 과학자를 빼놓을 수 없어요. 훅이 만든 현미경은 비록 배율이 30배 정도밖에 되지 않았지만, 이 현미경으로 '세포'를 발견한 것으로 유명해요. 우리 사람을 포함해 모든 생물의 몸은 세포로 이루어져 있는데, 훅은 바로 이 '세포'를 발견한 것이죠.

훅은 자신의 현미경으로 코르크를 관찰했어요. 코르크는 코르크나무에서 채취한 것인데, 병마개 등에 사용되죠. 훅이 현미경으로 본 코르크는 벌집처럼 생긴 작은 방으로 나뉘어 있었어요. 세포는 영어로 'Cell'이라고 하는데, 작은 방이라는 뜻이 있지요. 훅은 세포가 작은 방처럼 생겼다고 해서 'Cell'이라고 불렀어요.

훅은 『마이크로그라피아(Micrographia)』라는 책을 냈어요. 이 책에는 현미경으로 관찰한 여러 가지 생물을 그린 그림이 실려 있지요.

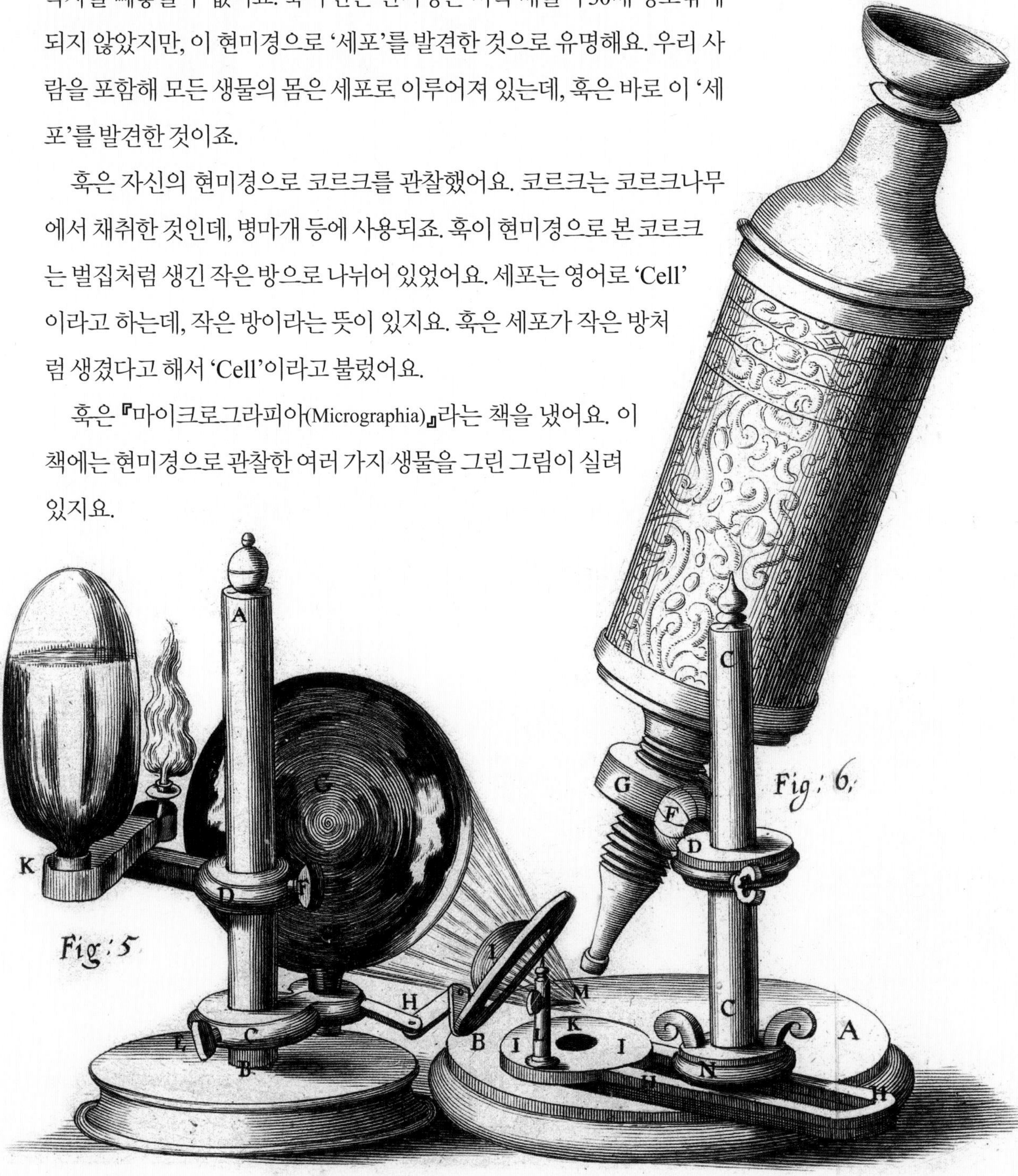

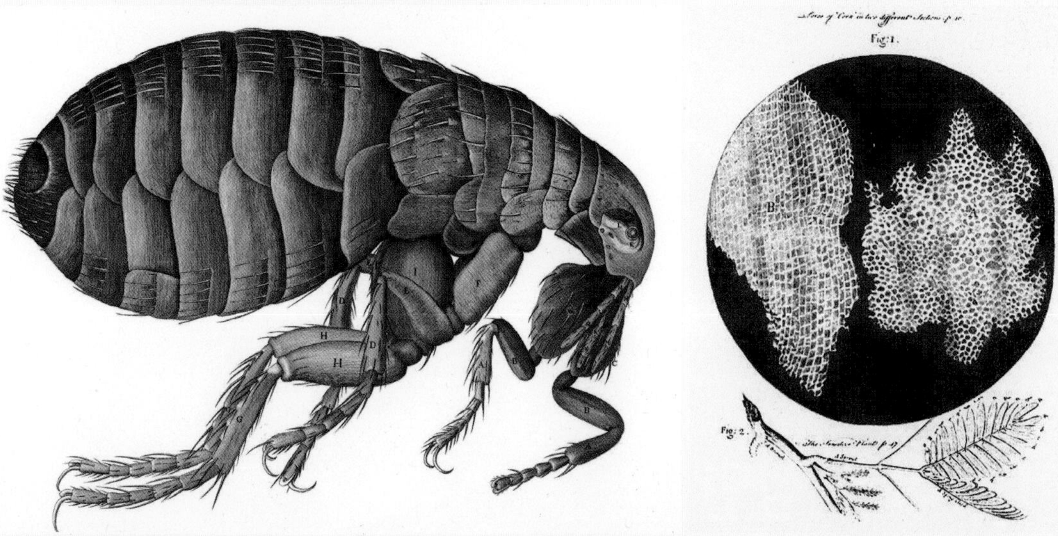

(왼쪽) 『마이크로그라피아』에 실린 훅의 벼룩 스케치. (오른쪽) 훅이 그린 코르크 세포. 식물 세포에는 각각의 세포를 둘러싼 '세포벽'이라는 구조물이 있어요. 훅은 코르크의 세포벽을 관찰한 것이었습니다. 사진출처: Wellcome Library, London(commons.wikimedia.org)

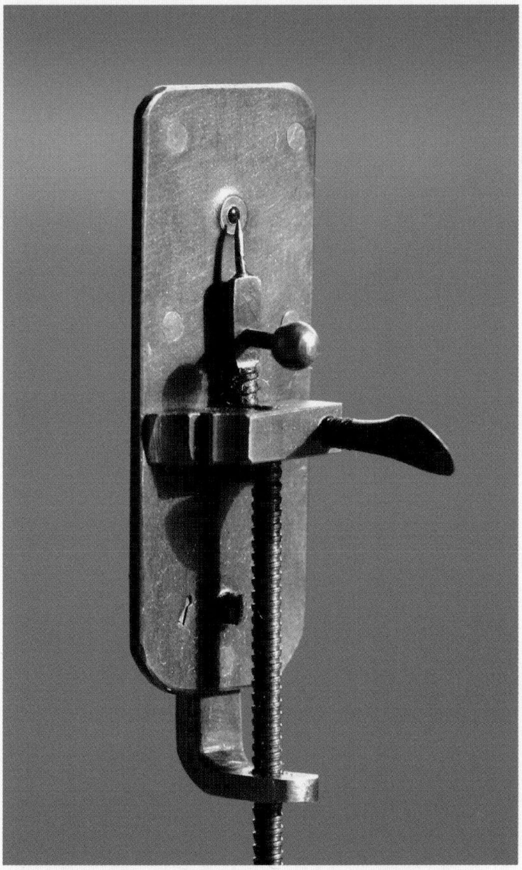

레이우엔훅이 발명한 현미경. 유리구슬이 렌즈 역할을 했어요.
사진출처: Jeroen Rouwkema(commons.wikimedia.org)

레이우엔훅의 단렌즈현미경

네덜란드의 또다른 과학자인 안토니 판 레이우엔훅(Antonie van Leeuwenhoek, 1632~1723)도 현미경의 역사에서 빼놓을 수 없는 업적을 남겼어요. 그는 제대로된 교육을 받지는 못했지만, 홀로 공부와 연구를 거듭해서 현미경을 만들고 미생물학에 큰 기여를 했지요.

그가 만든 현미경은 매우 단순했어요. 그는 작은 유리구슬을 구리판 사이에 끼워서 현미경을 만들었습니다. 유리구슬이 렌즈 역할을 하는 것이죠. 주변 사물을 이것저것 관찰하던 중 올챙이의 혈관에서 적혈구 세포를 최초로 발견했어요.

레이우엔훅은 미생물을 발견한 것으로도 유명해요. 빗물을 관찰하다가 세포 하나로 된 여러 미생물을 발견했습니다.

에른스트 루스카의 전자현미경

앞서 우리는 현미경의 역사에 대해 알아보았는데요. 그럼 최근에 자주 사용되는 현미경은 어떤 것일까요? 오늘날 보편적으로 사용하는 전자현미경에 대해서 알아볼까요?

과학기술이 발달하면서 현미경도 계속해서 발전했어요. 일반적으로 우리가 학교에서 접했던 현미경은 빛을 이용한 '광학현미경'이랍니다. 처음 개발된 광학현미경은 배율과 해상력의 기술적 문제 때문에 아주 세밀한 세포 관찰이 불가능했어요. 그래서 과학자들은 어떻게 하면 더 작고 더 세밀하게 세포를 관찰할 수 있을까 고민했지요. 그래서 빛 대신 전자를 사용하는 전자현미경이 발명되었지요.

전자현미경을 발명한 사람은 독일의 과학자 에른스트 루스카(Ernst August Friedrich Ruska,1906~1988)입니다. 그가 실험실에서 처음 전자현미경을 만들었을 때는 기존의 현미경보다 뛰어나지는 않았대요. 하지만 그는 포기하지 않고 계속 성능 향상을 위해 기술을 개발했고, 오늘날과 같은 전자현미경의 기초가 되었답니다. 에른스트 루스카는 전자현미경을 최초로 만든 공로를 인정받아 1986년 두 명의 동료 과학자와 함께 노벨물리학상을 수상했어요. 이때 그의 나이가 80세라고 하니, 평생을 현미경 연구에 몰두한 것을 알 수 있겠죠? 덕분에 전자현미경을 통해 과학자들은 생물학, 의학 등 다양한 분야에서 연구를 할 수 있었답니다.

전자현미경의 놀라운 성능

그렇다면 전자현미경에 대해서 더 자세히 알아볼까요? 전자현미경은 빛이 아닌 전자빔을 이용하여 작은 물체도 정교하게 볼 수 있는 현미경이에요. 해상도도 확대가 가능한 게 가장 큰 장점입니다. 과학자와 연구자들은 이 전자현미경을 통해 동식물의 다양한 표면, 바이러스, 세포등을 관찰하고 여기에서 다양한 기술들을 개발해내기도 해요. 특히 세포보다 더 작은 세포막 단백질이나 바이러스 단백질 결정 형태 등을 파악하는 일도 가능하다고 해요.

그렇다면 전자현미경으로 바이러스도 관찰할 수 있을까요? 코로나 바이러스(COVID-19)도 전자현미경으로 볼 수 있을까요? 답은 '볼 수 있다'입니다! 코로나 바이러스를 고해상도 전자현미경으로 관찰한 결과 아주 작은 바이러스의 입자 크기를 볼 수 있다고 해요.

날로 발전하는 현미경의 세계

현미경은 구조도 복잡하고, 먼저 연구한 사람

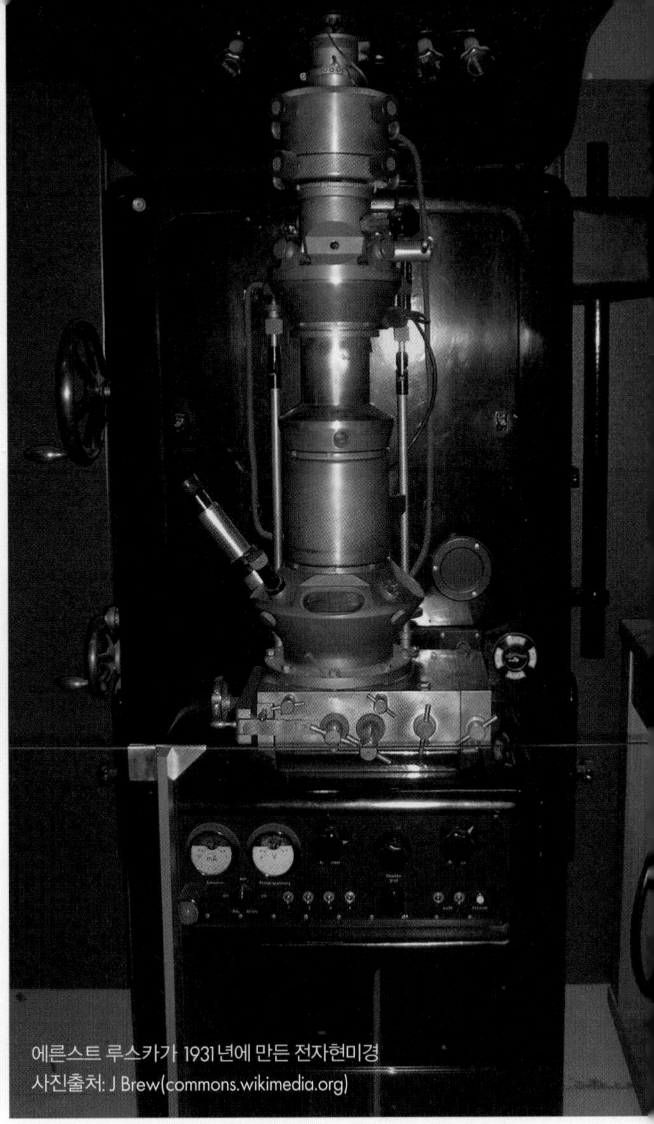

에른스트 루스카가 1931년에 만든 전자현미경
사진출처: J Brew(commons.wikimedia.org)

들의 특허 때문에 개발하기가 무척 어렵다고 해요. 하지만 한국의 과학자들은 지금도 열심히 연구를 하고 있어요. 최근에 100퍼센트 우리나라 기술로 만든 현미경을 개발했다는 소식이 들려왔답니다.

앞으로 첨단 현미경은 현대 과학기술 발달에 더 큰 영향을 미칠 것으로 생각됩니다. 현미경으로 볼 수 있는 세계는 무궁무진하지요. 먼 미래에는 또 어떠한 현미경이 우리를 기다리고 있을까요?

추천 문학

나무가 된 아이

남유하 글 | 황수빈 그림 | 사계절 | 10,000원

아이들의 불안한 마음에 건네는 여섯 편의 따스한 위로

가장 안전해야 하는 공간인 교실과 가족 안에서 불안한 걸음을 내디딜 수밖에 없는 아이들. 이들의 외로움과 불안, 욕망에 대하여 위로를 건네는 여섯 편의 환상적인 동화예요. 누군가의 편이 되어준다는 게 뭔지, 흔히 말하는 '정상'이란 과연 무엇인지를 생각하게 해요. 사랑받고 싶다는 욕망, 나와 다른 존재를 향한 차별, 그로 인한 비극에 대해 생각해보아요.

동굴을 믿어줘

우미옥 지음 | 국민지 그림 | 파랑새 | 11,000원

동굴을 믿는다면 마법 같은 일이 일어날 거야

외계인 관광 안내소에서 색다른 아르바이트를 하게 된 윤성, 특별한 선물을 하기 위해 '기억이 담긴 냄새'를 찾아가는 민지, 마법 나침반으로 두 명으로 복제된 준일, 이혼하는 부모님의 마음을 되돌리고 싶은 승우, 따돌림당하는 조아, 그런 조아가 자꾸만 신경 쓰이는 서연이까지! 각자의 비밀을 가진 같은 반 여섯 친구가 펼치는 판타지 SF 옴니버스 단편 동화집이에요. 마법 같은 일이 일어날 동굴로 어서 오세요!

추천 과학

미생물

다미앙 라베둔트 · 엘렌 라이차크 글 | 장석훈 옮김 | 보림 | 22,000원

현미경으로 보는 생활 속 작은 생태계

미생물은 우리 주변 어디에나 있어요. 아주아주 작아서 눈으로 보긴 어렵지만, 바닷속과 모래펄, 숲과 연못, 부엌과 침대, 사람의 살갗에도 미생물이 산답니다. 이 책은 현미경으로 보는 듯한 정밀한 일러스트와 함께 미생물의 다양한 활동들을 생생하게 보여줘요. 각 생물의 생태와 특징, 크기까지, 생활 속 작은 생태계를 자세하게 안내한답니다.

라면을 먹으면 숲이 사라져

최원형 글 | 이시누 그림 | 책읽는곰 | 13,000원

우리와 지구는 연결되어 있어

환경문제는 나와 상관없는 일이라고 생각하지 않으셨나요? 어느 소도시에 위치한 작은 생태 연구소에는 아주 특별한 연구소장님이 계세요. 동물과 말이 통하는 고래똥 소장님, 동네 친구 아라와 마루, 그리고 고래똥 생태 연구소에 찾아든 다양한 동물들과 함께 우리 생활 속 환경 이야기에 대해 알아봐요. 지구상의 모든 생명은 아주 가깝게 이어져 있으니까요!

어디서든현미경 간단 사용법

※ 각부 명칭 및 자세한 설명은 10~11쪽을 참고해주세요.

배율조절

배율조절손잡이를 돌려 배율을 조절합니다. 오른쪽으로 돌리면 더 높은 배율로 볼 수 있습니다. 20배에서 40배까지 조절이 가능합니다. 처음은 낮은 배율로, 나중에 높은 배율로 관찰하는 것이 편리합니다.

초점조절

초점이 맞지 않을 때는 초점조절손잡이를 돌리면 초점을 맞출 수 있습니다. 배율을 조절하면 초점을 다시 맞추어야 합니다.

램프 스위치 조작

시야가 어두울 때는 램프 스위치를 눌러서 램프에 불을 켭니다. 스위치를 누르고 있으면 불이 켜지고, 스위치에서 손을 떼면 불이 꺼집니다. 램프는 직접 눈에 대지 않는 것이 좋습니다.

관찰

대물렌즈에 관찰대상을 가까이 대고, 접안렌즈에 눈을 대고 관찰합니다. 관찰한 결과는 관찰일지를 써서 기록하면 나중에 찾아볼 수도 있고, 잊어버리지 않아 좋습니다.

⚠ 주의

- 작은 부품이 있습니다. 질식 등의 위험이 있으니 삼키지 않도록 주의하세요.
- 안전을 위해 설명서의 사용법을 반드시 지켜주세요. 또 사용 중에 파손 변형된 제품은 사용하지 마세요.
- 사용자에 의한 파손, 분실 등은 책임지지 않습니다.

불량 등에 관한 문의는 makersmagazine@naver.com으로 이메일 주시기 바랍니다.

자르는 선

Quiz
읽고 대답해봐요

관찰한 것들을 되짚어봅시다!

1 원자나 분자 등이 규칙적으로 배열되어 일정한 모양을 이루고 있는 형체를 (   )이라고 합니다.

힌트: 28쪽을 보세요!

2 암석은 (   )로 이루어져 있는데, 이것은 땅속의 마그마가 식으면서 결정을 이루며 생겨납니다.

힌트: 31쪽을 보세요!

3 (   )는 우리의 몸을 덮고 있습니다. 외부의 자극이나 병원체로부터 우리 몸을 보호하는 방어막이며, 여러 가지 촉감을 느끼는 감각기관입니다. 양서류는 이것으로 숨을 쉬기도 합니다.

힌트: 44~45쪽을 보세요!

자르는 선

Quiz
읽고 대답해봐요

메이커스 주니어 03 어디서든현미경

관찰한 것들을 되짚어봅시다!

④ 종자식물은 씨앗을 만들어 종족을 번식하기 위해 (   )을 피웁니다. 민꽃식물 혹은 포자식물은 (   )이 피지 않고 홀씨로 번식합니다.

힌트: 60쪽을 보세요!

---

⑤ 종자식물 중에는 속씨식물과 겉씨식물이 있어요. 속씨식물은 외떡잎식물과 쌍떡잎식물로 나뉩니다. 외떡잎식물의 잎맥은 (   ), 쌍떡잎식물의 잎맥은 (   )입니다.

힌트: 63쪽을 보세요!

---

⑥ 곤충의 몸은 크게 (   ), (   ), (   )의 세 부분으로 나뉘어 있습니다. 곤충의 몸은 사는 환경, 먹이 등에 따라 서로 다르게 생겼습니다.

힌트: 66쪽을 보세요!

정답을 보고 싶으면
QR코드를 확인하세요.